西方心理学大师经典译丛
主编 郭本禹

# Robert J. Sternberg

# 思维风格

*Thinking Styles*

[美] 罗伯特·斯滕伯格 著

康洁 译

中国人民大学出版社
·北京·

# 总译序

## 感悟大师无穷魅力　品味经典隽永意蕴

美国心理学家查普林与克拉威克在其名著《心理学的体系和理论》中开宗明义地写道："科学的历史是男女科学家及其思想、贡献的故事和留给后世的记录。"这句话明确地指出了推动科学发展的两大动力源头：大师与经典。

## 一

何谓"大师"？大师乃是"有巨大成就而为人所宗仰的学者"[1]。大师能够担当大师范、大导师的角色，大师总是导时代之潮流、开风气之先河、奠学科之始基、创一派之学说，大师必须具有伟大的创造、伟大的主张、伟大的思想乃至伟大的情怀。同时，作为卓越的大家，他们的成就和命运通常都与其时代相互激荡。

作为心理学大师还须具备两个特质。首先，心理学大师是"心理世界"的立法者。心理学大师之所以成为大师，在于他们对心理现象背后规律的系统思考与科学论证。诚然，人类是理性的存在，是具有思维能力的高等动物，千百年来无论是习以为常的简单生理心理现象，还是诡谲多变的复杂社会心理现象，都会引发一般大众的思考。但心理学大师与一般人不同，他们的思考关涉到心理现象

---

[1] 辞海.缩印本.上海：上海辞书出版社，2002：275.

背后深层次的、普遍性的与高度抽象的规律。这些思考成果或试图揭示出寓于自然与社会情境中的心理现象的本质内涵与发生方式；或企图诠释某一心理现象对人类自身发展与未来命运的意义和影响；抑或旨在剥离出心理现象背后的特殊运作机制，并将其有意识地推广应用到日常生活的方方面面。他们把普通人对心理现象的认识与反思进行提炼和升华，形成高度凝练且具有内在逻辑联系的思想体系。因此，他们的真知灼见和理论观点，不仅深深地影响了心理科学发展的命运，而且更是影响到人类对自身的认识。当然，心理学大师的思考又是具有独特性与创造性的。大师在面对各种复杂心理现象时，他们的脑海里肯定存在"某种东西"。他们显然不能在心智"白板"状态下去观察或发现心理现象背后蕴藏的规律。我们不得不承认，所谓的心理学规律其实就是心理学大师作为观察主体而"建构"的结果。比如，对于同一种心理现象，心理学大师们往往会做出不同的甚至截然相反的解释与论证。这绝不是纯粹认识论与方法论的分歧，而是对心灵本体论的承诺与信仰的不同，是他们所理解的心理世界本质的不同。我们在此借用康德的名言"人的理性为自然立法"，同样，心理学大师是用理性为心理世界立法。

其次，心理学大师是"在世之在"的思想家。在许多人看来，心理学大师可能是冷傲、孤僻、神秘、不合流俗、远离尘世的代名词，他们仿佛背负着真理的十字架，与现实格格不入，不食人间烟火。的确，大师们志趣不俗，能够在一定程度上超脱日常柴米油盐的束缚，远离俗世功名利禄的诱惑，在以宏伟博大的人文情怀与永不枯竭的精神力量投身于实现古希腊德尔菲神庙上"认识你自己"之伟大箴言的同时，也凸显出其不拘一格的真性情、真风骨与真人格。大凡心理学大师，其身心往往有过独特的经历和感受，使之处于一种特别的精神状态之中，由此而产生的灵感和顿悟，往往成为其心理学理论与实践的源头活水。然而，心理学大师毕竟不是超人，也不是神人。他们无不成长于特定历史的社会与文化背景之下，生活在人群之中，并感受着平常人的喜怒哀乐，体验着人间的世态炎凉。他们中的大多数人或许就像牛顿描绘的那般："我不知道世上的人对我怎样评价。我却这样认为：我好像是在海上玩耍，时而发现了一个光滑的石子儿，时而发现一个美丽的贝壳而为之高兴的孩子。尽管如此，那真理的海洋还神秘地展现在我们面前。"因此，心理学大师虽然是一群在日常生活中特立独行的思想家，但套用哲学家海德格尔的话，他们依旧都是"活生生"的"在世之在"。

## 二

那么，又何谓"经典"呢？经典乃指古今中外各个知识领域中"最重要的、有指导作用的权威著作"[①]。经典是具有原创性和典范性的经久不衰的传世之作，是经过历史筛选出来的最有价值性、最具代表性和最富完美性的作品。经典通常经历了时间的考验，超越了时代的界限，具有永恒的魅力，其价值历久而弥新。对经典的传承，是一个民族、一种文化、一门学科长盛不衰、继往开来之根本，是其推陈出新、开拓创新之源头。只有在经典的引领下，一个民族、一种文化、一门学科才能焕发出无限活力，不断发展壮大。

心理学经典在学术性与思想性上还应具有如下三个特征。首先，从本体特征上看，心理学经典是原创性文本与独特性阐释的结合。经典通过个人独特的世界观和不可重复的创造，凸显出深厚的

---

① 辞海.缩印本.上海：上海辞书出版社，2002：852.

文化积淀和理论内涵，提出一些心理与行为的根本性问题。它们与特定历史时期鲜活的时代感以及当下意识交融在一起，富有原创性和持久的震撼力，从而形成重要的思想文化传统。同时，心理学经典是心理学大师与他们所阐释的文本之间互动的产物。其次，从存在形态上看，心理学经典具有开放性、超越性和多元性的特征。经典作为心理学大师的精神个体和学术原创世界的结晶，诉诸心理学大师主体性的发挥，是公众话语与个人言说、理性与感性、意识与无意识相结合的产物。最后，从价值定位上看，心理学经典一定是某个心理学流派、分支学科或研究取向的象征符号。诸如冯特之于实验心理学，布伦塔诺之于意动心理学，弗洛伊德之于精神分析，杜威之于机能主义，华生之于行为主义，苛勒之于格式塔心理学，马斯洛之于人本主义，桑代克之于教育心理学，乔姆斯基之于语言心理学，奥尔波特之于人格心理学，吉布森之于生态心理学，等等，他们的经典作品都远远超越了其个人意义，上升成为一个学派、分支或取向，甚至是整个心理科学的共同经典。

## 三

这套"西方心理学大师经典译丛"遵循如下选书原则：第一，选择每位心理学大师的原创之作；第二，选择每位心理学大师的奠基、成熟或最具代表性之作；第三，选择在心理学史上产生过重要影响的一派、一说、一家之作；第四，兼顾选择心理学大师的理论研究和应用研究之作。我们策划这套"西方心理学大师经典译丛"，旨在推动学科自身发展和促进个人成长。

1879年，冯特在德国莱比锡大学创立了世界上第一个心理学实验室，标志着心理学成为一门独立的学科。在此后的一百多年中，心理学得到迅速发展和广泛传播。我国心理学从西方移植而来，这种移植过程延续已达百年之久①，至今仍未结束。尽管我国心理学近年取得了长足发展，但一个不争的事实是，我国心理学在总体上还是西方取向的，尚未取得突破性的创新成果，还不能解决社会发展中遇到的重大问题，还未形成系统化的中国本土心理学体系。我国心理学在这个方面远没有赶上苏联心理学，苏联心理学家曾创建了不同于西方国家的心理学体系，至今仍有一定的影响。我国心理学的发展究竟何去何从？如何结合中国文化推进心理学本土化的进程？又该如何进行具体研究？当然，这些问题的解决绝非一朝一夕能够做到。但我们可以重读西方心理学大师们的经典作品，以强化我国心理学研究的理论自觉。"他山之石，可以攻玉。"大师们的经典作品都是对一个时代学科成果的系统总结，是创立思想学派或提出理论学说的扛鼎之作，我们可以从中汲取大师们的学术智慧和创新精神，做到冯友兰先生所说的，在"照着讲"的基础上"接着讲"。

心理学是研究人自身的科学，可以提供帮助人们合理调节身心的科学知识。在日常生活中，即使最坚强的人也会遇到难以解决的心理问题。用存在主义的话来说，我们每个人都存在本体论焦虑。"我是谁，我从哪里来，我将向何处去？"这一哈姆雷特式的命题无时无刻不在困扰着人们。特别是在社会飞速发展的今天，生活节奏日益加快，新的人生观与价值观不断涌现，各种压力和冲突持续而严重地撞击着人们脆弱的心灵，人们比以往任何时候都更迫切地需要心理学知识。可幸的是，心理学大师们在其经典著作中直接

---

① 在20世纪五六十年代，我国心理学曾一度移植苏联心理学。

或间接地给出了对这些生存困境的回答。古人云："读万卷书，行万里路。"通过对话大师与解读经典，我们可以参悟大师们的人生智慧，激扬自己的思绪，逐步找寻到自我的人生价值。这套"西方心理学大师经典译丛"可以让我们获得两方面的心理成长：一是调适性成长，即学会如何正确看待周围世界，悦纳自己，化解情绪冲突，减轻沉重的心理负荷，实现内心世界的和谐；二是发展性成长，即能够客观认识自己的能力和特长，确立明确的生活目标，发挥主动性和创造性，快乐而有效地学习、工作和生活。

我们相信，通过阅读大师经典，广大读者能够与心理学大师进行亲密接触和直接对话，体验大师的心路历程，领会大师的创新精神，与大师的成长并肩同行！

郭本禹

2013 年 7 月 30 日

于南京师范大学

致我的孩子们，赛斯和萨拉，他们教给了我很多关于风格的有用的东西，超过其他任何人，我希望我也教会了他们一些有用的东西。

# 序　言

我曾先后就读并毕业于五所学校：托斯卡纳小学、梅普尔伍德初中、哥伦比亚高中、耶鲁大学和斯坦福大学。在每一所新学校，我的表现都比在前一所学校的更好——有时候是好一点，有时候是好很多，但总是更好。与此同时，我也观察到，有些人在求学过程中的表现越来越差。我们并不特别：有些学生每次升学后都比以前表现得更差，有些学生每次升学后都比以前表现得更好，还有一些学生每次升学后的表现都没什么变化。这是随机的吗？不是。那是由于有些学生在每次升学后更努力或更不努力？不是。那是什么？

在我们的社会，任何人都会想到的第一个解释可能是能力。在此，我们把教育系统视为一个巨大的漏斗；但这是一个特殊的漏斗，因为它内部有一系列过滤器，在每个相继的阶段，允许通过的人越来越少。每个过滤器，代表一个学校，有不同细度的滤网。顶级精英学校相当于有非常精细滤网的过滤器，只允许优等生通过；一般的精英学校相当于有中等细度滤网的过滤器，允许相对较好的学生通过；普通学校相当于有粗糙滤网的过滤器，允许能力较差的学生通过。

能力并不能解释我所说的现象。如果我们把教育系统视为有过滤器的漏斗，那么我们可以预料，几乎每个学生在每次升学后都会比以前表现得更差，因为漏斗变得更窄或过滤器更细。这样的解释不会说明，在每次升学后（漏斗变窄或过滤器变得更细），为什么有些学生的表现会更好。但许多学生确实一直在进步。

还有另一种解释，它与思维风格有关——我们喜欢以何种方式使用我们所拥有的能力。在求学和职业生涯的相继阶段，人们的表现会更好或更差，因为环境与人们的思维风格会有更好或更差的匹配。在本书中，我将论证，思维风格和能力一样重要，甚至可以说比能力更重要，无论能力的定义有多广泛。因此，社会、实践和情绪智力的概念，或者多元智力的概念，扩展了我们对人们**能做什么**的理解，但是风格的概念扩展了我们对人们**喜欢做什么**的理解——他们如何利用他们所拥有的能力。当你的思维风格与环境匹配得很好时，你就会蓬勃发展；与环境匹配得不好时，你就会很痛苦。在求学的不同阶段和不同的学科领域，受重视的思维风格也会不同，其结果是，在求学过程中（或工作经历，或人际关系方面），你可能会表现得更好或更差，这取决于你的思维风格与环境期望匹配得如何，以及环境如何评价你。同样，在不同的职业和职业生涯的不同阶段，受重视的思维风格也会不同。本书将讲述思维风格，以及它们如何与不同的环境相匹配。

本书分为三个主要部分。第一部分是提出关于思维风格的理论，确认并描述了 13 种重要的思维风格。第二部分介绍了思维风格的主要原则，并提出它们是如何在人们中产生和发展的。第三部分涉及在课堂上的学习和思维风格，其他的一些理论，以及在我看来，我所提出的理论的优势。

在本书的形成过程中，许多人的合作是不可或缺的。我的第一个合作者，玛丽·马丁（Marie Martin），与我合作开发了**思维风**

格量表（Thinking Styles Inventory）的第一个版本。理查德·瓦格纳（Richard Wagner）帮助改进了这一量表，并收集了一些用于改进的常模数据。在本书中，我主要依靠这个改进的量表，来描述思维风格，并为读者提供他们可以使用的自评量表。埃琳娜·格里格伦科（Elena Grigorenko）进一步完善了现有的测量方法，并开发了新的测量方法。她还参与了本书中描述的几项研究，并且是本书第8章所依据的论文的合著者之一。本书献给我的孩子们，他们帮助我理解了思维风格，就像我在耶鲁大学任教期间指导的所有研究生和本科生所做的。我感谢我的妻子亚历杭德拉·坎波斯（Alejandra Campos），感谢她对我的不懈支持，我也感谢剑桥大学出版社的编辑朱莉娅·霍夫（Julia Hough），感谢她在这个项目的各个阶段对我的支持。赛·德瓦苏拉（Sai Durvasula）协助我准备了这本书的手稿。

这本书的编写得到了美国教育研究与改进办公室（U.S. Office of Educational Research and Improvement）项目基金（Grant R206R50001）的支持。然而，本书中的陈述并不一定反映该办公室或美国政府的立场。

# 目 录

## 第一部分 思维风格的本质

第 1 章 什么是思维风格,我们为什么需要它们? /3

第 2 章 思维风格的功能 /32

第 3 章 思维风格的形式 /52

第 4 章 思维风格的水平、范围和倾向 /71

## 第二部分 思维风格的原则与发展

第 5 章 思维风格的原则 /93

第 6 章 思维风格的发展 /118

## 第三部分 在学校的思维风格及相关研究和理论

第 7 章 课堂中的思维风格 /137

第 8 章 关于风格的理论和研究简史 /160

第 9 章 为什么是心理自我管理理论? /178

注释 /193

索引 /205

# 第一部分

## 思维风格的本质

# 第1章
# 什么是思维风格，我们为什么需要它们？

苏珊上三年级时，她的老师有一个好主意。孩子们正在学习行星，老师希望她的学生们主动学习，而不仅仅是被动学习。所以她决定让孩子们假装成宇航员，并模拟去火星。

### ≫ 惩罚不顺应的人

这是一个促进学习的好主意。就了解一个地方（无论是火星、威尼斯，还是霍博肯）而言，还有什么学习方法比模拟在那里更好呢？在此，孩子们必须考虑到去火星的游客所要考虑的问题，例如空气供应、地心引力、地形以及其他任何问题。当然，孩子们可以通过阅读来学习这些东西。但是通过模拟直接应对，他们的学习和记忆肯定会得到加强。然而，他们必须对火星有足够的了解，才能够想象如何在那里生活。阅读将是孩子们的另外的学习方式，能进一步加强学习过程。但它无法取代这种想象，即让孩子们设想自己成为宇航员。

当孩子们准备做宇航员的时候，苏珊有了一个主意。如果她打扮成火星人，当宇航员们到达火星时，与他们相遇，怎么样？老师的主意很好，但苏珊的主意也许更好。首先，我们确实需要考虑一下，如果我们真的遇到外星人，那会是什么样子。另一个原因是，我们所有人都必须应对那些有时看起来像外星人的人，无论他们是来自火星，还是来自其他地方。

作为一个有20年从业经验的心理学家，我学到的最重要的一件事是，别人有时似乎令人费解，无论他们是来自另一种文化或另一个社会群体，甚或是配偶或情人。为了与那些在我们看来很奇怪的人互动，让三年级的孩子们花几个小时思考与火星人互动是什么样子，这难道不是一种很好的准备方法吗？不妨为未来做好准备，不管未来会发生什么。

当苏珊把自己的想法告诉她的老师时，老师立刻否定了它。也许需要一个直接拒绝的理由，老师耐心地告诉苏珊，我们从空间探测器得知没有火星居民，所以让苏珊假装火星人是不现实的。老师指出她在上科学课，科学课上不可能有不存在的火星人。

老师的理由站不住脚。一方面，宇航员也不会去火星，至少现在还不会。另一方面，空间探测器并不能真正向我们保证火星上没有生命：也许火星人生活在火星的内部，或者也许它们以某种生命形式存在，而空间探测器还无法识别。但这些问题只是让我很沮丧的次要原因，苏珊和老师的这种讨论才是令我沮丧的主要原因。

我开始怀疑，再有多少次被否定的经历，当苏珊有了一个创造性的想法时，她就不会把它表达出来了，无论是向老师还是其他人。我想知道，同样的事件重复了多少次，不仅在苏珊的教室里，或者在那位老师的教室里，而且在世界各地的、各个年级的无数教室里。孩子们需要多少次惩罚，才能学会抑制自己的创造性想法，而且学会玩学校的游戏？这种游戏是什么？嗯，通常情况下，如果你有一个创造性的想法，你应该把它憋在心里。不幸的是，在玩这种游戏方面，学校并不比其他机构差。许多家庭和组织都遵循同样的游戏规则。

指责苏珊的老师，并指出在任何行业都有害群之马，这是很容易的。容易，但却是错误的。因为苏珊的老师所做的，几乎每一位老师，包括我自己，有时都会这样做。在听到苏珊的老师的回答后，我感到非常生气，但我很快就冷静下来了，因为我意识到我自己并不是无可指摘的人。曾经有多少次，我在课堂上，试图在太少的时间里讲授太多的东西？我知道我必须完成当天的课程，然后进入下一课，以便学生们为期末考试做好准备，再往后，对于打算进一步深造的学生们来说，或许还便于他们为心理学高级考试做好准备，这是许多研究生院入学所需的。

几乎所有的老师都在同样的压力下工作：他们需要为考试而教学，而且可以说，那些压抑自己创造力的学生们，实际上会在现有的大多数考试中表现得更好。考试的名称各不相同，但这种或那种考试的实际情况却没什么差别。老师拼命地想把当堂的课讲完；它的进度比预期的要慢，因为课程几乎不会按照计划的方式进行。在课堂上，有些内容，在老师看来，应该是很清楚的，但却不是。还有一些内容，在老师看来，应该是很容易解释的，但却不是。很快，一节30分钟的课变成了40分钟或50分钟的课。然后，一个学生提出了一种方法，这会使本来就进度太慢的课程变得更慢。老师的瞬间反应是否定——否定学生的想法，同时也打击了学生的创造欲望。这种模式会时不时地重复、在不同的场所重复，最终，那个学生及其同班同学，都学会了遵守游戏规则，隐藏或压抑他们的创造性想法。

毫无疑问，大多数孩子能在学校里学到东西（就像大多数人能在工作中学到东西一样）。但他们学到了什么？最重要的东西往往不是教科书上教的。

我曾经给小学生们上过课，也给耶鲁大学的学生们上过课，如果我让他们想出有关实验的新点子，小学生们表现得更好，思维更活跃。但如果我让他们对已经发表的研究论文进行评判，或者记住论文中的细节，耶鲁大学的学生们表现得更好，能够轻松地胜出。耶鲁大学的学生们已经学会了学校重视的技能——记忆和分析能力。

没学会的那些学生们怎么办？他们会付出代价——以这样或那样的方式。有些学生不受老师待见，或者更糟，被认为有行为问题。另外一些学生被视为爱出风头。还有一些学生被贴上反社会的标签，在许多情况下，他们会开始扮演这个角色。有些老师会容忍这些孩子，其他老师则不会。但很少有人会欣赏他们，因为在老师们看来，这些孩子扰乱了课堂秩序。对于老师们来说，在秩序好的课堂讲课很容易，无论学生们是否在学习。

各种组织也和学校差不多。通过以某种方式做事，一种组织文化出现了。它在以前是行之有效的。由于来自各方的竞争压力很大，一个组织几乎没有足够的时间来生产需要生产的东西，更不用说思考它是如何产生的了。在一个组织内，质疑做事方式的人，通常不被视为具有创造性，而是被视为具有破坏性。

几年前，我们对不同领域（其中之一是商业领域）的人进行问卷调查，研究他们对智力、创造力和智慧的概念。[1]在这项研究中，我们让被试给一系列行为评分，以确定它们与智力、创造力和智慧之中的每个特征的关联度。研究结果表明，创造力概念的评分与智慧概念的评分呈负相关。在被试看来，有创造力的行为，也是不明智的行为；明智的行为，则被认为是没有创造力的。

这里的问题似乎是，一个喜欢创造性思考的人，处在一个不鼓励创造力的学校或组织中，但这个问题事实上更为普遍——相当普遍。请考虑以下情境。

## ▶ 学会我的方式——否则

本在上高中，在英文课堂上，学生们在学习《奥德赛》，这是西方文学中最伟大的作品之一，当然，任何一个高中生都可以从中学到很多东西。但是学什么呢？那天是家长开放日，所以本的父母在教室里。本的父亲知道，他儿子那一年的英文学得不太好，他将要去在儿子的英文课上找出原因。

老师读了《奥德赛》中的一个名句。这句话是谁说的？又读了一个名句。这是谁说的？接着又读了一句。这句话是谁说的？当时发生了什么？接下来发生了什么？本的父亲当然不知道，虽然他读过这本书，但他已经记不起来那是在多少年以前了。在他看来，老师要求学生记住的细节太多了。本绝对不是一个注重细节的人。整堂课就是要记住这么多细节。老师给出的测验题也是同样的：记住谁说了什么。

下课后，本的父亲与老师交谈，问他的教学目标是什么。老师解释说，他正试图教学生们能够仔细阅读，理解文意。本的父亲接着问：还有其他目标吗？老师回答说，在学生们能够开始分析课文之前，他们首先要学会仔细阅读。然而，在他开始分析课文之前，本会讨厌英文，不想费心去分析它们。而这一切都是因为老师的那种学习模式，在大约40年前，大多数心理学家就已经认识到，那种学习模式是错误的。[2] 他的模式是过时的，并不是因为他在很久以前上的学。[3] 这个老师可能还不到30岁。但是他和其他许多老师，包括各年级和各科的老师，仍然按照那种模式来教学。那种错误的模式假设，一个人应该先学习，**然后**再思考，而不是一个人应该边学边思考，从而学会思考。

本还告诉他父亲，他不喜欢历史。父亲问他：为什么？在本这个年龄时，本的父亲很喜欢历史。因为他讨厌背记日期，本说。对本来说，学习历史就是背记日期，就像学习英文是背记名句一样。至少老师们是一致的：英文老师出的考题主要由一些名句组成，让学生们确定这些名句是谁说的，历史老师出的考题主要是让学生们回忆一些历史事件的日期。

所以，本开始讨厌英文和历史。而那些喜欢背记名句和日期的学生，则会喜欢英文和历史。但是有一个问题。擅长背记"谁说了哪个名句"的学生，将来会成为最好的作家或文学学者吗？擅长背记各个国王统治时期的学生，将来会成为最好的历史学家吗，或者是否将会成为一个能够以史为鉴的普通公民？也许不会。问题不在于学生们必须学习事实知识，而在于：这就是他们所做的一切，事实知识被强行灌输。同样的事情也发生在世界各地的、数以百万计的教室里和课堂上。

在同一所学校同一个年级，我们可以把本的英语课上对思维风格的要求与物理课上的相比较。学生们正在学习质量及其属性。老师让学生们穿上外套，到外面去。走出教室，学生们走到老师的停车场。老师把学生们分成几个小组，然后说："这是我的汽车。你们今天的任务是，用我给你们的材料算出我的汽车的质量。"学生们整堂课的时间都在分组工作，在小组内进行交流，试着计算出老师的汽车的质量。毫无疑问，在很多情况下，喜欢这个任务的学生可能并不喜欢上那个英文老师的课。事实上，本喜欢物理课，但讨厌英文课。同样重要的是，本的物理老师很喜欢他，他的英文老师一点也不喜欢他。

这里有两个非常普遍的问题，它们将是这本书的主线。

1. 各种学校和其他机构，无论是家庭或企业或各种文化，可能会重视某些思维风格，轻视其他思维风格。
2. 与机构所重视的思维风格不匹配的那些人，通常会受到惩罚。

**风格**（style）是一种思维方式。它不是一种能力，而是一个人喜欢以何种方式使用其所拥有的能力。风格和能力之间的区别是一个关键区别。能力是指一个人能把某事做到多好。风格是指一个人有多喜欢做某事。

在我们的社会里，我们经常思考和谈论能力。从赫恩斯坦和默里的《钟形曲线》之类的书籍可以看出，我们的社会对能力有多痴迷。[4] 当然，就在学校和以后的生活中取得成功而言，能力是很重要的。然而，能力不是，也不可能是全部。

就用于各种目的的能力测验的预测能力而言，虽然心理学家们有不同看法，但他们都认为，能力测验分数是非常不完美的预测指标。[5]一个公认的数字是，能力测验分数的差异，或许可以解释学生在学校表现差异的20%，可以解释员工在工作中表现差异的10%。其余的差异——在学校表现差异的80%，在工作中表现差异的90%，如何解释？思维风格或许可以解释其中的一部分差异。人们的思维风格可能与能力一样重要。我举以下三个大学室友的例子，来说明这一点。

## ❯❯ 三个个案研究，三种思维风格

这三个大学室友有一个共同点：他们的高中成绩都很好。他们都是优秀的学生，他们的SAT（学术能力评估测验）英语和数学部分的分数也很接近。甚至，他们的能力模式也是相同的：语言能力比数学能力强，空间能力明显较弱。对于这样的人来说，把行李箱放进汽车的后备厢是有很大难度的。

实际上，亚历克斯在高中是个全优生，有很好的考试成绩。他是每所大学都想要的那种学生，在他申请大学的那一年的4月15日，他收到了很多厚信封，有许多所大学表示愿意录取他。他选择了一所常春藤盟校。

在上大学的头三年期间，亚历克斯的表现几乎和他在高中时的表现一样出色。他的各科成绩大多是A，只有少数几科是B。他被认为是最好的学生之一。但是到了大四学年，在他所学的政府学专业，他必须做一个独立的课题。亚历克斯喜欢按给定了的结构做事；在他的整个学生时代，他都被给定了这种结构。他的老师告诉他该做什么，他都能做到，而且做得很好。现在，第一次，没有人告诉他该做什么，他不知做什么好。对于自己组织整个任务，他感到不适应，这在他的课题中表现出来。他的课题得分为C。

亚历克斯找到了一份工作，他的职业生涯与他的思维风格很匹配。如今，他是一名合同律师。我请他描述一下他的工作，他解释说，投资银行家们达成一个交易，并确定什么是什么。亚历克斯的工作是，把这个交易写成一份精确的书面合同。因此，亚历克斯以前是听从他的老师们的指导，如今是听从银行家们的指导。亚历克斯解释说，对他来说，理想的合同是一份完美、无懈可击的合同，如果银行家们想改变他们的交易，他们就必须付钱给他，让他写一份新的合同。换句话说，他们每次改变主意，都得付钱给亚历克斯。难怪亚历克斯在他的职业生涯中如此成功：他找到了一种方法，让他的客户们付钱，不仅在做决定的时候付钱，而且在每次改变主意的时候都得付钱。

比尔的高中成绩也很好，虽然不如亚历克斯的那么好。比尔喜欢按自己的方式做事，因此会与任何学校强加的限制发生冲突。比尔认识到，要想取得成功，他必须在学校表现出色——他做到了。但他的主要精力都用在了他的爱好——生物学上。他参加了生物学暑期项目，甚至在高中时就进行了高水平的生物学研究。而且，他的研究课题是他自己的，不是别人的。

比尔在大学头三年的成绩很好，虽然不如亚历克斯的那么好。但是到了大四学年，他就超过了亚历克斯。有机会做一个独立的毕业课题，比尔得心应手。这正是他一直最喜欢做的事。他的课题得分为A，并获得了奖励。

比尔进入研究生院深造，如今已经成为一名成功的研究员。他的职业生涯与亚历克斯的完全不同。比尔和亚历克斯一样热爱自己的工作，但原因正好相反。亚历克斯喜欢把银行家的想法转化为精确的书面合同，比尔喜欢把自己的想法表达出来，让其他生物学家和外行人都能看懂。他是一个团队的领导者，指导别人，而不是听从指导。

请注意，亚历克斯和比尔在各自的工作中都非常成功，但是出于不同的原因。如果这两个人的职业生涯互换，他们都不会做得好，但这不是因为缺乏能力：亚历克斯有能力成为一名生物学家，比尔有能力成为一名律师。相反，在有成功的基本能力这个前提条件下，他们之所以成功，是因为他们从事的工作与他们的思维风格很匹配。科温的情况也是如此。

科温与亚历克斯和比尔是同学，他们上的是同一所常春藤盟校。他对这所学校持批评态度，正如他倾向于对几乎每件事和每一个人都持批评态度，他对自己也不例外。事实上，他很难与人相处，因为他太挑剔了。由于他很聪明，他的批评通常都是很精准的。读大学期间，科温经常对学生作品进行评论，发表了很多评论文章，这个任务非常适合他。

科温的批判性眼光并不仅限于课程。当他出去约会时，他会对他的约会对象进行价值测试。这个测试是所谓的"非干扰性测量"（nonobtrusive measurement）：其约会对象从来都不知道自己正在接受测试。但她们肯定会被测试。如果一个女性通过了测试，科温就会再和她约会；如果没有通过，这段关系就结束了。

也许不足为奇的是，科温的恋情往往是短暂的。没有人完全符合他的标准。如今，科温已经50多岁了，仍然未婚。我不知道他是否还在对他的约会对象进行同样的或类似的测试。我所知道的是，他找到了一份与他的批评性、司法型风格相匹配的工作：如今，科温是一名精神科医生，而且是一名优秀的医生。他每天都在评估病人和他们的问题，给他们开处方，然后给他们做治疗。他非常成功，对于那些在生活中似乎最喜欢评价别人及其问题的人来说，这种工作是很合适的。

亚历克斯、比尔和科温的例子告诉我们，思维风格这个概念可以帮助我们理解，在有同等能力的情况下，为什么某个人选择一种职业，而另一个人则选择另一种职业。不同风格的人喜欢以不同的方式来运用自己的能力，因此对不同职业所需要的思维方式也会有不同的反应。思维风格这个概念也能帮助我们理解，为什么有些人在他们选择的职业生涯中取得了成功，而另一些人却没有。如果比尔从事亚历克斯的职业，他很可能会发现自己没有客户。他喜欢按照自己的方式做事，而不是按照客户的方式做事。如果亚历克斯从事比尔的职业，这个匹配也同样糟糕：亚历克斯更喜欢听从指导。在择业时，人们需要找到不仅与自己的能力相匹配，而且与自己的风格相匹配的职业。

## ▶ 思维风格与环境匹配的重要性

我在乎思维风格，你也应该在乎——如果你关心你的孩子、你的配偶或情人、你的同事，或者你自己的话。作为一个社会整体，我们总是把思维风格和能力混为一谈，由此一来，实际上是由思维风格造成的个体差异，却被认为是由能力造成的。有些人的思维风格与父母、配偶或情人、同事或老板的期望不匹配，就

## 思维风格

会因错误的原因而受到贬损。一个人被视为愚蠢或顽固的，可能实际上只不过是由于这个人的思维风格与另一个人的思维风格不匹配。当这种不匹配在学校或工作环境中发生时，其影响尤为严重。

在学校里，被视为愚蠢的孩子，通常只不过是由于其思维风格与老师的思维风格不匹配。我有亲身体会：在大学一年级，我选了心理学入门课程，我很想主修心理学。当我还是个孩子的时候，由于严重的考试焦虑，我的智力测试成绩非常糟糕。这促使我对智力产生了浓厚的兴趣，而且这种兴趣一直持续到今天。因此，我选了心理学入门课程，并且希望以此为起点，在大学主修心理学专业，然后在这个领域开始我的职业生涯。

我的心理学入门课程考砸了，考试成绩为 C，这使我的希望突然破灭了。当这门课的教授把第一次考试成绩发给我们的时候，我第一次意识到有问题。那次考试是一个论文测验，打分是从 1 分到 10 分。由于某种反常的原因，教授决定按照分数从高到低的顺序发回考卷。当我领回考卷的时候，教室里只剩下几个人还没有领回考卷，他们要么身高比我高很多，要么体重比我重很多，要么又高又重。至少，他们在大学混是有原因的——大多是体育特长生。我有点搞不清我为什么上这门课了。我首先想到的是，我自己的考卷一定是被放错顺序了。但是没有，这份考卷满分为 10 分，我只得了 3 分。

事实证明，教授对我们论文的期望与我认为他所期望的不匹配。我认为，论文测验这种形式意味着，教授希望我们发挥创造力，超越给出的信息。实际上，教授希望我们围绕论文主题，提到 10 个要点。测验的评分是从 0 分到 10 分，教授想让我们在论文中提到 10 个要点，每个要点给一分。这与创造力无关，甚至没有试图鼓励批判性思维。可以肯定的是，这次测验就像一颗原子弹，击碎了我从事心理学研究的职业梦想。事实上，我甚至还记得（也许记错了），这位教授曾对我说过大意是这样的话：心理学界已经有一个斯滕伯格①了，而且似乎短期内不会有两个。我明白了。

幸运的是，我决定主修数学。当我在数学专业学得比在心理学专业还要差的时候，我意识到，心理学专业并没有那么糟糕，于是我又转回到了心理学专业。事实上，在那个入门课程之后，我心理学专业的其他课程都学得很好。但我是幸运的，因为我转到了一个更不适合我的专业，转专业后的表现比以前在心理学专业的更差。但是有很多学生没有我那么幸运，他们在自己喜欢（想从事一生）的专业的入门课程考砸之后，转到了另一个专业，并且在那个专业学得还不错，这样的学生有多少？

例如，如果我决定转到除了数学之外的几乎任何专业——人类学、社会学、英语、历史、生物学或其他学科——我可能会在入门课程中取得足够好的成绩，从而继续攻读这个专业。那样的话，我就会主修一个足够有趣但不是我真正想学的专业。无数的学生可能会处于这种境地，他们所学的专业是他们还算喜欢的，但不是他们真正热爱的，因为这些学生自己或其他人认为，他们缺乏在自己真正感兴趣的专业深造的能力。

更糟糕的是，在这里，我们遇到的情境与本的英文课堂上的一样。在课堂上取得成功所需的思维风格甚或思维能力，与在职业生涯中取得成功所需的思维风格和能力几乎或根本无关。自从成为一名心理学家以来，我再也不需要死记硬背一本书或一堂讲

---

① 指著名心理学家扫罗·斯滕伯格（Saul Sternberg）。——译者注

座，但是在心理学入门课程，以及许多其他入门课程中，无论是在大学还是在中学阶段，如果想在课程考试中获得 A，我就不得不死记硬背。那么到底是为什么呢？

在许多学科领域——无论是心理学，还是其他学科领域——我们奖励和选择那些善于记忆的学生，但他们的思维方式不一定符合这个学科领域的职业要求。与此同时，我们可能会拒掉那些思维方式完全符合职业要求，但不符合本专业入门课程要求的学生。换句话说，我们把不太符合职业要求的学生招收进来，把符合要求的学生拒之门外。

这种筛选过程不只是假设的。在我们耶鲁大学的研究生项目中，教授们经常提到，有些学生在大学里是全优生，进入研究生院之后，他们的主要才能仍然是，考试成绩全优。但在研究生阶段，成绩并不重要。事实上，在招收博士甚至硕士阶段研究生的时候，大多数学院并不太在意学生的成绩；许多学院甚至不要求学生提交课程成绩单。他们想招收的是，能在本专业学有所成的学生，以后能成为优秀的心理学家、物理学家、生物学家、文学学者、企业高管、历史学家等等。他们知道，在这些领域的出色工作与课程成绩几乎无关。

与此同时，有些学生真的可能成为优秀的心理学家、物理学家、经济学家等等，但是因为没被录取而失去在他们感兴趣的领域深造的机会，这样的学生有多少？据我估计，相当多。我们录取学生时所看重的思维风格，通常不是在该领域取得成功所需的思维风格。

我在心理学领域遇到的问题，绝不仅限于心理学这个领域。请考虑一个非常不同的领域：外语。当我在高中学习法语的时候，我采用了一种被称为模仿记忆法（mimic-and-memorize method）的方法。你听到或看到一个短语，然后重复它。然后，你听到或看到这个短语的一个变化形式，你重复这个变化形式。你重复无数个变化形式，直到你学会了这个短语的各种可能的变化形式，最终，你开始建立一个短语库，在使用该语言进行交流时，你就可以用到它。这种方法适合某种思维风格的人，他们喜欢在给定的结构内学习，特别是记忆。

在法语课上，虽然我不是个成绩为 C 的学生，但我也不是天才。事实上，有一天，我的老师说，他很有兴趣听我说法语时犯的错误，因为这些错误表明，虽然我在这门课上表现不错，但我的法语课成绩是凭借我的综合能力，而不是凭借我的外语学习能力。他评论说，我犯的这些法语错误，听起来很可怕，如果我有语言天赋的话，我绝不会使用这种听起来可怕的表达方式。

我把老师的话牢记在心，在大学阶段和研究生阶段，我甚至连一门外语课程都没有选修过。如果我想踏上成功的职业生涯，那我为什么要选一门可能考砸的课呢？和许多其他大学生一样，我推断（可能是正确的），假使我在大学期间有几门课得了低分，申请研究生项目的时候，我被录取的可能性就会降低。我不想因为选修了我根本不需要的课程，而破坏了我被录取的机会。

后来，我发现，我还是需要学一些外语课程的。作为一名心理学助理教授，有一天，我接到一个电话，问我是否有兴趣见一见委内瑞拉智力开发部的部长。当时，委内瑞拉正在开创世界历史上一项独特的事业：建立一个政府部门，负责开发该国人民的智力。部长想让我来做其中的一个项目，这个项目很快就会在该国的学校落地。

思维风格

　　这个挑战是如此令人兴奋,我绝不会拒绝他。这里只有一个问题。我被要求写一本教科书,在一个讲西班牙语的国家,讲西班牙语的老师将使用这本教科书,向讲西班牙语的学生传授思维技能。我的法语老师曾说过,我有综合能力,所以我借此推断,对我来说,学一些西班牙语是个好主意。我聘请了一名研究生助教,来教我一些西班牙语。

　　令我惊讶的是,我学西班牙语学得很快很轻松,而且感到很有趣,比学法语有趣得多。这并不是因为两种语言差异大,甚至不是因为我的西班牙语老师真的很好,比我上高中时的法语老师好得多。相反,这是因为他的教学方法不同。

　　西班牙语老师使用的方法,有时被称为直接法(direct method),或者叫语境学习法。我在自然的书面语和口语语境中学习西班牙语。通过阅读和听实际对话,我从语境中推断词语的含义。这种学习方式很适合我所偏好的思维风格——在现实世界的语境中创造——而以前学习法语的那种方式则不适合我。结果是,我学西班牙语学得很快,学法语则学得很慢。

　　如今,我能说一口流利的西班牙语,但是我只会说结结巴巴的法语。我意识到,在学习外语方面,与其他人相比,我并没有更多或更少的天赋。但和其他人一样,以某种方式学习,我可能会学得更好;以另一种方式学习,我就可能会学得更差。再说一遍,被我们归结为能力的问题,其实在某种程度上是思维和学习风格的问题。一定是的:对于在荷兰、比利时和世界上许多其他国家的学生们来说,学会一门、两门或更多门外语是很容易的,没人把这当回事。荷兰和比利时的学生们并不是比美国或英国的学生们更聪明,而是在学习外语方面,他们接受的教学方法,更

*16*

适合他们的思维和学习风格。除此之外，他们学习外语的动机比英国或美国的学生们强得多。

请考虑最后一个例子，这是一个非常不同的例子：学习统计学所需要的定量思维。我有时会给学生们讲授一门高级统计学课程，叫作多元分析。多年来，我把自己在能力多样性方面的研究成果，运用于这门课的教学中，以一种考虑周到和复杂巧妙的方式。我把我的学生们分成两类：聪明的和愚蠢的！

聪明的学生几乎不会出错。他们能很快地理解课程材料，毫不费力地完成作业，考试成绩也很好。愚蠢的学生总是出错。在课堂上，他们对课程材料的理解似乎很有限。他们很难完成作业。他们的考试成绩反映出，他们没学懂，对课程材料普遍缺乏理解。这是显而易见的，至少我是这么想的。

有一年，我读了一本书，书中用几何而不是代数的方式呈现了我曾讲过的许多统计学技术。我以前一直用代数方法教这门课，要求学生推导、理解和应用公式，并要求学生看到构成多元数据分析基本公式的方程之间的关系。读完这本书后，我决定做一个实验，也就是，再教一遍我刚刚用代数方法教过的那个班级，但这次是用几何的方法来讲授同样的课程材料。

结果令人惊讶。被归为"愚蠢"类的学生们当中，有很多学生突然明白了我在课堂上讲授的内容。他们仿佛变了个人似的。与此同时，当我以几何方法呈现课程材料的时候，以前用代数方法学得很快很轻松的那些学生，则感到很吃力。我很尴尬地说，不只是那些学生感到吃力。我也不善于以几何图形方式思考问题，我需要一些学生——被归为"愚蠢"类的学生——在讲课的各个环节纠正我的错误。那一天，我意识到，多年来，曾被我认为是愚蠢的学生当中，有很多学生一点也不愚蠢，只是他们的学习风格与我的教学方式不相适应。但是我仅以一种方式讲授课程材料，从来没有给过他们机会。

这里有一个教训要学，而且这个教训并不复杂。被我们认为在课堂上是愚蠢的那一类学生当中，许多是有能力成功的。失败的是我们，而不是他们。我们没有认识到，在课堂上，他们有不同的思维和学习风格，我们的教学方式不太适合他们。

同样的原则也适用于雇员。我聘用了一个文员。她很聪明，但几乎没有心理学或研究方面的背景。她的这份工作，要求她以一种相当固定的方式、按照一定的惯例做文书工作。她不断地想出新的做事方法，坦率地说，也是更好的做事方法。但是，有些事情需要以特定的方式完成，即使不是最好的方式，因为学术期刊要求以特定的方式提交论文。她的想法有创新性，但是这些期刊不会因为她有更好的想法而改变其政策。

最终，我意识到，让她做文书工作，那是一种浪费。我让她从事研究工作，想出更好的方法来检验假设，这是研究工作的一个重要部分。她不仅在工作中学会了研究技能，而且与受过研究训练的很多人相比，她更擅长这项工作。她缺乏研究训练，这有时确实是个问题。但我充分利用了她的思维风格偏好，让她从事一份鼓励创新的工作，而不仅仅是容忍之。

我想强调的是，我并不比任何其他老师或雇主更清白。我把一些学生归为"愚蠢"的，若是以另一种方法来教他们，与我的教学方式不同的方法，他们本来可以把统计学学得很好。同样，当我给学生们讲授心理学入门课程的时候，我决定不采用我上大学时的那个教授的教学方式，所以我的教学方式符合我的思维和学习风格，与我上大学时的那个教授的教学方式完全不同。然而，我的这种教学方式，也只是更适合一部分学生，不适合另一部分学生。

在我的课堂上，我偏爱这样的学生，他们喜欢创造和超越给出的信息——喜欢依照自己的方式做事；而我不偏爱的那一类学生是，喜欢记忆和学习事实知识，尤其是喜欢被告知该做什么。实际上，我所做的正是我上大学时的那个教授所做的——偏爱像自己的那一部分学生，忽视另一部分学生。直到我开始认真对待思维和学习风格的问题，我才意识到这种考虑是多么重要，只有这样才能在课程建设中让所有的学生都取得成功。

对于为我工作的员工们来说，情况也是这样的。我意识到，我不应只偏爱那些思维和学习风格与我相似的员工，我需要欣赏员工在工作中表现出的思维和学习风格。我需要从他们的角度看待他们，从而帮助他们在工作和个人生活中充分发挥自己的长处。现在，让我们开始一项探索——对思维风格的探索，看看对思维风格的理解能给我们带来什么。

## ▶ 思维风格

为什么有很多人在学校学习不好但是在以后的生活中很成功，还有很多人在学校学习很好但是在以后的生活中很失败？为什么有些人选法律专业，有些人选医学专业，还有一些人选会计专业？为什么有些人在医学院是成绩全优的学生，但是毕业后，给病人看病的时候屡屡出错？为什么一些有天赋的孩子在学校里考试成绩全优，而另一些同样有天赋的孩子却不及格？通过对思维风格的理解，我们就可以解答这些问题以及其他许多问题。

我在这本书中的论点是，我们生活中发生的事情，不仅取决于我们的思考能力**有多好**，还取决于我们**如何**思考。人们的思维风格各不相同，而且我们的研究表明，人们会高估他人的思维风格与自己的思维风格的相似程度。因此，夫妻之间、父母与子女之间、老师与学生之间、老板与员工之间都可能产生误解。对思维和学习风格的理解，不仅有助于人们避免这些误解，而且有助于人们更好地了解对方、更好地了解自己。

**什么是思维风格，我们为什么需要它们？**

思维风格是指人们进行思考的偏好方式。它不是一种能力，而是我们如何使用我们所拥有的能力。我们不是有一种思维风格，而是有多种思维风格的组合。人们可能在能力上是完全相同的，但是在思维风格上截然不同。但我们的社会并不总是把能力相同的人视为同等的。相反，如果人们的思维风格与某种情境下所期望的相匹配，那他们就会被认为更有能力，尽管事实上，这展现的不是能力，而是他们的思维风格与他们所面临的任务相匹配。

通常情况下，人们面临的任务，可以被安排得更好，以适合他们的风格，或者他们可以调整自己的风格，来适应任务。但如果他们被认为是缺乏完成任务所需的能力，他们甚至都没有机会，来改变自己的做事方法。

如果你去参加任何高中或大学的同学聚会，你会发现有很多人选择了不适合自己的职业。他们可能听从了辅导员或职业咨询老师的建议，基于自己的能力甚至兴趣选择了职业。但是他们当中仍然有很多人发现，他们的职业生涯进入了死胡同。进入死胡同这种状态，往往是亲历者心中挥之不去，而一个人之所以常常感到自己陷入死胡同，是因为他所从事的工作，与其个人所偏好的使用能力的方式不匹配。理解了思维风格，可以帮助人们更好地理解，为什么某些活动适合他们而另一些活动则不适合，甚至还可以帮助人们更好地理解，为什么他们与某些人合得来，与另一些人则合不来。

### 为什么是心理自我管理理论？

心理自我管理理论（the theory of mental self-government）的基本思想是，我们在世界上拥有的政府（government）形式并非巧合。相反，它们是人们思想中发生了什么的外在反映。它们代表了组织我们思维的不同方式。因此，我们看到的政府形式是我们思想的反映。

个人组织和社会组织之间有许多相似之处。一方面，正如社会需要自我管理一样，我们也需要自我管理。我们需要决定优先事项，就像政府一样。我们需要分配我们的资源，就像政府一样。我们需要对世界的变化做出反应，就像政府一样。正如政府内部存在改变的障碍，我们自身也存在改变的障碍。以下是我对所提出的理论的概述。

### 心理自我管理的功能

大体上，政府需要行使三种功能：行政（executive）、立法（legislative）和司法（judicial）。行政部门负责执行由立法部门制定的新方案、政策和法律，司法部门负责评估这些法律是否被正确执行，以及是否有违反这些法律的情况。人们也需要在自己的思维和工作中行使这些功能。

**立法型风格**的人喜欢想出自己的做事方式，喜欢自己决定自己要做什么和怎样去做。立法型风格的人喜欢制定自己的规则，喜欢没有预先编好的问题。在前面提到的例子中，本就是一个立法型风格的人。立法型风格的人可能喜欢以下一些活动：创意写作，设计创新项目，创建新的商业或教育系统，以及发明新事物。立法型风格的人可能喜欢那种能让他们行使其立法倾向的职业，例如当创意作家、科学家、艺术家、雕塑家、投资银行家、政策制定者和建筑师。

立法型风格特别对创造力有益，因为有创造力的人不仅需要有能力产生新的想法，而且还需要有那种渴望。不幸的是，在学校环境中，立法型风格通常不受鼓励。有些职业需要人们具有创造力，但即使是在为这些职业培养人才的项目中，立法型风格通常也是不受鼓励的。因此，上科学课的学生们可能会发现，他们被要求记住事实、公式和图表。然而，科学家们几乎不需要背诵任何东西，如果他们不记得某些东西，他们可以从书架上找到相关书籍来查阅。

创意写作者也需要立法型风格，但是在文学课上，立法型风格往往不受鼓励，低年级的文学课可能强调的是读懂，高年级的文学课可能强调的是批评和分析。

**行政型风格**的人喜欢遵守规则，喜欢预先编好的问题。他们喜欢在已有的结构中填补空白，而不是自己去创建结构。他们可能喜欢以下一些活动：解答给定的数学题，运用规则来处理问题，根据别人的想法进行演讲或授课，执行规则。行政型风格的人可能适合的职业有：某些类型的律师，巡逻警察，建造者（按别人设计的图纸去建造），士兵，劝导者（为别人的体系工作），行政助理。

无论是在学校还是在企业，行政型思维风格往往受到重视，因为行政型思维风格的人按要求做事，而且常常是愉快地去做。他们听从指示和命令，他们评估自己的方式与体系将会评估他们的方式相同，也就是说，让他们做的事情，他们能做到多好。因此，有天赋的孩子，若是具有行政型风格，那就很可能在学校表现出色，若是具有立法型风格，那就更可能被视为不服从甚至叛逆的。

同龄人群体的压力，也会促进孩子们采用行政型风格，但这是基于同龄人群体的规范，而不是基于学校的规范。因此，来自多方面的压力会导致学生们采用这种风格。

**司法型风格**的人喜欢评价规则和程序，他们喜欢的问题类型是，分析和评价现有事物和想法。司法型风格的人可能喜欢以下一些活动：写评论，发表意见，评判别人及其工作，评估项目。他们可能会选择这样一些职业：法官，评论家，项目评估员，咨询师，招生官，拨款和合同监督员以及系统分析员。

学校往往忽视培养学生的司法型风格。例如，虽然历史学家的工作在很大程度上是司法型的——分析历史事件，但许多孩子认为，历史学家的工作主要是行政型的——记住事件的日期。因此，就像在科学课上一样，最有才华的一些学生可能会决定从事其他领域的工作，尽管他们的思维风格可能很适合从事这个领域的工作，但却不适合为该领域培养人才的学校教育。

这种不匹配的问题，不仅限于学校的人才培养。在许多企业，包括学校，行政型风格的人往往会被聘为较低级别的管理者。他们听命行事，并努力把事情做好。这种风格的人通常会被提拔，升职到更高的管理级别。问题是，在更高级别上，管理者往往也需要具有更多的立法型或司法型风格。但是，具有立法型或司法型风格的人，很可能在较低级别的管理岗位上就被淘汰了，根本就不会被提拔到更高的管理级别。行政型风格的人可能会被提拔到与其思维风格不匹配的更高的职位上。例如，一些学校的管理者不愿意接受改变，这就不足为奇了。他们之所以被提拔为学校的管理者，是因为他们听命行事，而不是因为他们起初就喜欢决定该做什么。

**心理自我管理的形式**

心理自我管理理论中有四种形式：君主型（monarchic）、等级型（hierarchic）、寡头型（oligarchic）和无政府型（anarchic）。每一种形式都会导致人们以不同的方式面对世界以及其中的问题。

**君主型风格**的人是专一且有动力的人。其个人倾向是，不让任何事情妨碍其解决问题。君主型风格的人是靠得住的，他们肯定会把一件事做完，如果他们已经下决心去做这件事了的话。

君主型风格的老板通常会期望人们完成任务，不要找借口或请求谅解。如果你和一个君主型风格的人结了婚，你通常很快就会发现。你的伴侣可能很忙，没有时间和你在一起，当你和你的伴侣在一起的时候，他（她）也可能心不在焉。如果这个君主型风格的伴侣不是痴迷于工作，而是痴迷于你，你会发现自己得到了伴侣的太多关注，比你想要的关注多得多。

君主型风格的孩子在学校经常会遇到一个问题：他们想做

的，通常并不是他们正在做的事情，当他们应该注意听老师讲课的时候，他们很可能在想其他的事情。有时，对君主型风格的孩子最有益的方法是，老师或家长把孩子的兴趣与孩子正在做的其他事情结合起来。例如，一个孩子对体育有很强的兴趣，但是不爱阅读，如果让其阅读体育小说，这个孩子就可能爱上阅读（就像我让我儿子做的那样）。如果一个孩子喜欢烹饪但不喜欢数学，那就可以让其解答一些涉及食谱的数学题。借助于这些方法，孩子可能会对以前不感兴趣的事情产生兴趣。

**等级型风格**的人有多种目标，并且层次分明，认识到需要设定优先级，因为不是所有的目标都能被实现，或者至少不可能都同样好地被实现。与君主型风格的人相比，等级型风格的人更倾向于接受复杂性，并认识到需要从多个角度来看待问题，以便正确地设定优先级。

等级型风格的人倾向于很好地适应组织，因为他们认识到设定优先级的必要性。但如果他们的优先级与组织的不同，那就可能出现问题。他们可能会按照自己的优先级，而不是按照组织的优先级，来安排自己的工作。如果一个公司律师想花太多时间在公益工作上，一个大学教授想花太多时间在教学上，一个厨师想花太多时间把每餐饭都做到完美，他们可能很快就会发现自己在各自的组织里不受欢迎。

与等级型风格的人一样，**寡头型风格**的人也有在同一段时间内做多件事的愿望。但与等级型风格的人不同的是，寡头型风格的人倾向于被几个相互竞争的目标所驱动，在他们看来，这些目标是同等重要的。面临对他们的时间和其他资源的竞争性需求，寡头型风格的人往往感到压力很大。他们并不是总能确定该先做什么，或者该如何分配时间，花多少时间来完成他们需要完成的每一个任务。然而，若能给他们一些指导，即使是最低限度的指导，让他们知道他们参与的组织的优先事项，他们就能更有效地工作，甚至比其他风格的人更有效。

**无政府型风格**的人似乎是被多种目标和需求所驱动，这些目标和需求是杂乱无章的，无论是他们自己还是其他人，都很难理出头绪。无政府型风格的人采取看似随机的方法来解决问题；他们倾向于拒绝体制，特别是僵化的体制，并对他们认为是限制他们的任何体制进行反击。

无政府型风格的人，可能难以适应学校或工作的环境，特别是在环境僵化的情况下，但是无政府型风格的人往往比看不上他们的那些人更有潜力做出创造性的贡献。因为无政府型风格的人倾向于东学一点西学一点，所以他们经常以创造性的方式将各种不同的信息和想法组合在一起。在解决问题的时候，他们考虑的范围很广，所以可能会发现被别人忽视的解决方案。对于无政府型风格的人，老师、家长或雇主面临的问题是，帮助其利用这种潜在的创造力，实现自律和有组织，这是做出任何创造性贡献所必需的。如果这种方法奏效，无政府型风格的人就更有可能取得成功，特别是在其他人可能失败的领域。

## 心理自我管理的水平、范围与倾向

**全局型（global）风格**的人喜欢处理相对较大和抽象的问题。他们忽视或不喜欢细节，倾向于只见森林而不见树木。他们常常忽略了构成森林的树木。因此，他们必须小心，不要迷失在

"狂喜状态"（Cloud Nine）。

**局部型**（local）**风格**的人喜欢具体问题，需要注重细节的问题。他们倾向于以实际情况为导向，并且脚踏实地。危险在于，他们可能会只见树木不见森林。然而，一些最严重的系统故障，例如在航空和火箭方面，都是在人们忽略了当时看似很小的细节时发生的。因此，几乎任何团队都需要至少有一些成员具有局部型风格。

全局型风格的人和局部型风格的人可以一起工作得特别好，双方可以互补，各自完成任务的一个方面。同为全局型风格的两个人，若是在一起工作，试图完成一个项目，那可能每个人都想处理大问题，没有人去关注细节；同为局部型风格的两个人，若是在一起工作，完成工作所需的更高层次的初步规划，就可能没人去做。一个全局型风格的人和一个局部型风格的人，若是在一起工作，如果两个人都不那么极端，可以理解和欣赏对方在工作中所起的作用，那就会有所帮助。如果局部型风格或全局型风格的人很极端，那就可能会忘乎所以，要么开始忽视大问题的存在，要么不把细节放在眼里。

**内倾型**（internal）**风格**的人，会关注内心世界——转向自己的内心。他们往往是内向的，以任务为导向，与人保持距离，有时社交意识不强。他们喜欢独自工作。从本质上讲，他们倾向于专心思考或解决问题，不喜欢与人交往。

老师（或其他人）可能会把风格与能力相混淆，举一个例子，一个幼儿园的孩子，被老师建议留级。有人问这个老师，为什么提出这一建议。老师指出，尽管这个孩子的学习成绩很好，但孩子似乎还没有做好上小学一年级的"社交准备"

（socially ready）。也就是说，这个孩子喜欢独处，而不是与其他孩子交往，在老师看来，这表明孩子缺乏某种社交智力（social intelligence）。事实上，这个孩子只不过是内向而已。她并没有留级，升入小学后，她在学习和社交互动方面都表现得很好。

**外倾型**（external）**风格**的人往往是外向的，爱交际，人际导向。他们有社交敏感性，善于观察别人。只要有可能，他们就喜欢和别人一起工作。

在教育中出现的关于"什么是更好的？"许多问题，都源于对风格与学习经验之间的相互作用的根本误解。例如，近年来，教育界强烈推动所谓的"合作学习"（cooperative learning），这意味着孩子们在小组中共同学习。这个想法应该是，孩子们在小组中合作学习会比独自学习时学得更好。

从心理自我管理理论的角度来看，关于孩子们是独自学习更好还是在小组合作学习更好这样的问题，是没有单一的正确答案的。事实上，这个问题，像许多其他问题一样，被视为错误的表述。外倾型风格的孩子更喜欢小组学习，在与他人一起学习时可能会学得更好。内倾型风格的孩子可能更喜欢独自学习，在小组中学习就可能会变得焦虑。

这并不是说，内倾型风格的孩子就不应该参与小组合作学习，也不是说，外倾型风格的孩子就不应该独自学习。显然，这两种类型的人都需要有灵活性，学会在各种情境下工作。但是从思维风格视角来看，和学生一样，老师也需要在教学过程中采取灵活的方式。在课堂安排上，老师需要让孩子们兼顾独自学习和小组合作学习两种方式，这样一来，孩子们都能在某些时候找到适合自己的学习环境，在另一些时候则需面临挑战，去适应环境。如果老师总是只让孩子们独自学习，或者只让孩子们小组合作学习，那么往往会使一些孩子受益，而另一些孩子则处于不利地位。

**自由型**（liberal）**风格**的人喜欢超越现有的规则和程序，最大限度地改变，并探求一些模棱两可的情境。自由型风格的人并不一定是"政治上的"自由主义者。一个政治保守派可能会有一种自由型风格，比如说，试图以一种全新的、包罗万象的方式，实施共和党的一项议程。寻求刺激的人往往会有自由型风格，一般来说，那些很容易感到无聊的人也往往会有自由型风格。

**保守型**（conservative）**风格**的人喜欢遵守现有的规则和程序，尽量减少变化，尽可能避免模棱两可的情境，在工作和职场生活中循规蹈矩。在结构化的和相对可预测的环境中，保守型风格的人是最快乐的。当这种结构不存在时，保守型风格的人可能会寻求创建它。

所以，这个理论中包含所有这些风格。以下列出了各种风格。在第 2、3 和 4 章中，我们将更详细地讨论它们。

**思维风格的总结**

| 功能 | 形式 |
| --- | --- |
| 立法型 | 君主型 |
| 行政型 | 等级型 |
| 司法型 | 寡头型 |
|  | 无政府型 |

| 水平 | 范围 | 倾向 |
| --- | --- | --- |
| 全局型 | 内倾型 | 自由型 |
| 局部型 | 外倾型 | 保守型 |

# 第 2 章
# 思维风格的功能

立法型、行政型和司法型风格

政府可以有许多不同的组织方式,但所有政府都需要行使至少三种不同的功能:政府需要立法;政府需要执行其制定的法律;政府需要判断其制定的法律是否符合其原则,如果是的话,还需判断人们是否依照法律行事。

在介绍每一种思维风格之前,我会先请你自评一下,评估你自己在这种风格上的得分。阅读关于每种思维风格的介绍之前,请先进行自评。这将有助于你更好地了解每种思维风格,以及更好地了解自己。

因为本书中所有自评量表的说明都是相同的,所以我将在这里预先给出完整的说明,然后在每个分量表前面给出简要说明。在本章以及第 3 章和第 4 章中,每一个自评量表均来自"斯滕伯格-瓦格纳思维风格量表"(Sternberg-Wagner Thinking Styles Inventory)。[1]

**对思维风格自评量表的说明**

请仔细阅读每一个陈述句,并确定其与你的实际情况的符合程度。使用下面给出的评分法，指出每个陈述句与你在工作中、在家里或在学校的做事方式的符合程度。记1分，如果这个陈述句与你的实际情况完全不符合，也就是说，你几乎从不以这种方式做事。记7分，如果这个陈述句与你的实际情况完全符合，也就是说，你几乎总是以这种方式做事。介于这两者之间的分数，表示该陈述句与你自己的实际情况相符合的程度：

1= 完全不符合　2= 相当不符合　3= 比较不符合
4= 说不清　5= 比较符合　6= 相当符合　7= 完全符合

当然，这些回答本身无所谓正确或错误。请阅读每个陈述句，并在其旁边写下一个分数，这个分数表示该陈述句与你自己的实际情况相符合的程度。请按照自己的速度进行，但不要在任何一个陈述句上花太多时间。

## 立法型风格

在继续阅读之前，请先做一下自评量表2.1。然后使用这个量表下面的计分法算出自己的得分。

### 自评量表2.1　斯滕伯格–瓦格纳立法型思维风格自评量表

阅读以下每一个陈述句，然后用7点量表评分，每个分数对应于这个陈述句在多大程度上符合你的情况：1 = 完全不符合；2 = 相当不符合；3 = 比较不符合；4 = 说不清；5 = 比较符合；6 = 相当符合；7 = 完全符合。

___ 1. 在做决定时，我倾向于依靠自己的想法和做事方式。

## 思维风格

___ 2. 当遇到问题时，我采用自己的想法和策略去解决它。

___ 3. 我喜欢尝试把自己的各种想法付诸实践，看它们是否可行。

___ 4. 我喜欢的那种问题是，我可以尝试以自己的方式来解决。

___ 5. 在做一项任务时，我喜欢先试着按照自己的想法去完成。

___ 6. 在开始一项任务之前，我喜欢自己弄清楚，我将如何做这项工作。

___ 7. 对于一项工作，如果我能自己决定做什么和怎么做，我就会感到更快乐。

___ 8. 我喜欢那种可以用自己的想法和做事方式的情境。

### 解读得分

评估你自己的得分，方法是，你把自己写下的8个分数加起来，然后除以8。进行除法计算，保留一位小数。你现在应该算出了一个介于1.0和7.0之间的得分。得分被分为六个等级，视你的身份和性别而定。这六个等级如下所示。

非在校成年人

| 类别 | 男性 | 女性 |
| --- | --- | --- |
| 非常高（前1%～10%） | 6.6～7.0 | 6.5～7.0 |
| 高（前11%～25%） | 6.1～6.5 | 6.2～6.4 |
| 中高（前26%～50%） | 5.5～6.0 | 5.2～6.1 |
| 中低（前51%～75%） | 4.9～5.4 | 4.5～5.1 |
| 低（前76%～90%） | 4.3～4.8 | 3.6～4.4 |
| 非常低（前91%～100%） | 1.0～4.2 | 1.0～3.5 |

|  | 在校大学生 |  |  |
|---|---|---|---|
|  | 类别 | 男性 | 女性 |
| 非常高 | （前1%～10%） | 6.2～7.0 | 6.0～7.0 |
| 高 | （前11%～25%） | 5.6～6.1 | 5.6～5.9 |
| 中高 | （前26%～50%） | 5.1～5.5 | 5.1～5.5 |
| 中低 | （前51%～75%） | 4.4～5.0 | 4.5～5.0 |
| 低 | （前76%～90%） | 4.0～4.3 | 4.1～4.4 |
| 非常低 | （前91%～100%） | 1.0～3.9 | 1.0～4.0 |

如果你的得分属于"非常高"等级，那表明你具有立法型风格者的全部或几乎全部特征。如果你的得分属于"高"等级，那表明你具有立法型风格者的许多特征。如果你的得分属于"中高"等级，那表明你具有立法型风格者的一些特征。如果你的得分属于最下面的三个等级，那表明你不倾向于立法型风格。但是要记住，你在多大程度上倾向于立法型风格，可能会因任务、情境和人生阶段的不同而异。

简而言之，立法型风格者喜欢依照自己的方式做事。他们喜欢创造、构想和规划事物。一般来说，他们往往喜欢自己制定规则。

山姆是一个新的、刚入门的产品经理，供职于美国中西部的一家以早餐麦片闻名的传统公司。这家公司也以其产品质量和传统的做事方式而闻名。虽然该公司不时推出新的麦片产品，但其麦片产品的推出方式总是遵循一套既定的流程。人们常开玩笑说，要想升职，你必须至少监督过一种新的、不成功的早餐麦片产品的推出。当然，在这样的公司，新的早餐麦片产品的失败率一直都是很高的。但是山姆认为，关于如何获得更高的成功率，他有一些想法。为了给上级管理层留下深刻印象，他进行沟通，并推动他的一些新想法。不知不觉中，山姆毁掉了自己在管理岗位升职的可能性。他是一个立法型思维风格者，在这家公司的中层管理岗位，立法型思维风格是不受重视的。他抗拒企业文化，而企业文化反过来又抛弃了他。

对于孩子，老师或家长有时有必要提醒他们，没有人可以一直采用"立法型风格"。立法型风格的学生倾向于对他们所受的教育持批评态度，并且通常是有道理的。他们可能不想以老师希望的方式做事。老师或家长一定要提醒他们，任何系统都需要有一些规则和程序才能正常运作，即使这些规则和程序不是最优的。我的儿子具有立法型风格，我提醒他，避免与学校发生不重要的小冲突，只在有价值的重要问题上与学校较真。否则，他将失去信誉，并且在小冲突中落败。

立法型风格的人喜欢按照他们自己决定的方式做事。他们不喜欢预先编好的问题，他们喜欢自己来设计问题。在许多学校环境中，这种倾向性的代价可能很高。它也与美国的许多考试和标准化测验形式不相适应。在美国，去大学书店看看，你可能会发现有些书店出售标准化测验阅卷机专用答题卡。学生们不仅要学习并参加考试，还必须支付额外的费用，购买答题卡，用黑笔把答案填涂在答题卡上。将美国的大学体系与英国的大学体系相比较，例如在牛津大学或剑桥大学，就会发现那里根本没有多项选择题测验这种考试形式，学生考试都是以写论文的形式完成。据牛津大学心理学系的玛丽安娜·马丁（Maryanne Martin）所说，论文评阅者鼓励创新和新思维，并会给表现出创新和新思维的论文打高分——换句话说，表现出立法型风格的论文会得到较高的分数。一个立法型风格的学生，在英国的牛津大学可能会获得梦寐以求的一等学位，若是在美国的一所大学读书，则很可能考试成绩为 C，这仅仅是因为不同学校的考试所重视的思维风格不同。

立法型风格的人也喜欢创造性和建设性的、以计划制订为基础的活动，例如写论文，设计项目，创建新的商业或教育体系。通常，非常成功的企业家之所以成功，正是因为他们具有立法型风格，想要创建自己的做事方式。苹果公司的创始人史蒂夫·乔布斯和史蒂夫·沃兹尼亚克，就是具有这种立法型风格的好例子。但是，当公司变得更稳固、需要更稳定的管理方式时，创业家往往就干不好了。通常，一个新的管理层出现了，就像在苹果公司发生的那样。这个新的管理层在未来也可能会遇到问题，当时代开始迅速变化，而他们，本来就不偏好甚至反感立法型风格，则不会随之改变。

还记得在第 1 章中提到的苏珊吗？她跟老师提议，说她想把自己打扮成火星人，她表现出了一种立法型风格。老师直接否定了她的提议，其实就是让她闭嘴。这里的教训是，如果你对做事的方式有想法，那就把它憋在心里，正如立法型风格的学生以及员工经常遇到的那样。本书第 1 章中所描述的大学生比尔，也是表现出了立法型风格。

总的来说，立法型风格的人有喜欢的事，也有不喜欢的事。表 2.1 中列出了他们的典型的喜欢和不喜欢的一些事。你评估自己的思维风格的另一种方法是，看看自己是偏好下表中的喜欢的事（立法型风格程度高），还是偏好下表中的不喜欢的事（立法型风格程度低）。

在一定程度上，由于这些喜欢和不喜欢的事，立法型风格的人总体上倾向于特别适应某些职业。他们通常喜欢并且可能从事的职业有：小说家，剧作家，诗人，数学家，科学家，建筑师，发明家，时装设计师，政策制定者，创业家，作曲家，编舞家，广告创意文案撰稿人。

表2.1 立法型风格－创造者喜欢和不喜欢的一些事

| 喜欢的事 | 不喜欢的事 |
| --- | --- |
| **在学校** | |
| 写创意文章 | 写文章复述事实或老师的观点 |
| 写短篇小说 | 概述别人的短篇小说 |
| 写诗 | 背诗 |
| 改写现有故事，编写另一种结尾 | 记住现有故事中的个别事件 |
| 自己编数学题 | 解答书本中的数学题 |
| 设计科学项目 | 按照别人设计好的步骤做科学实验 |
| 描写未来可能发生的事情 | 描述过去的事情 |
| 设想把自己放在一个著名的历史人物的位置上 | 记住一个著名的历史人物的出生和死亡日期 |
| 按自己的选择，画一幅原创艺术作品 | 画自家的房子或汽车，或者别人叫画什么就画什么 |
| **在工作中** | |
| 决定做什么工作 | 被告知要做什么工作 |
| 给出命令 | 接受命令 |
| 决定公司政策 | 被告知要遵循公司政策 |
| 设计用于完成工作的体系 | 落实已设计好的用于完成工作的体系 |
| 决定聘用谁 | 根据公司政策，对新员工进行入职引导 |

续前表

| 喜欢的事 | 不喜欢的事 |
|---|---|
| **在家** | |
| 决定吃什么和去哪里吃 | 按照已决定的饮食安排来办 |
| 决定周六晚上去哪里 | 你的伴侣决定周六晚上去哪里，你做好安排，和你的伴侣一起去 |
| 决定邀请谁来参加聚会 | 准备和发送聚会邀请 |
| 决定如何给孩子们设定限制 | 管束孩子，把已决定的对孩子们的限制落到实处 |
| 计划家庭度假的出行路线 | 把全家人送到度假目的地 |

无论是在学校或工作单位，立法型风格的人常常被视为不合群，或者可能被视为烦人。他们想以自己的方式做事，这往往与机构的行事方式不相符。如果一个组织有固定行事方式，并期望其成员以这种方式行事，那么立法型风格的成员就没有受尊重的地位。在学校里，如果老师布置固定的作业，并且对好作业的评判标准有一个僵化的概念，那么立法型风格的学生可能会显得不是很聪明，或者被视为爱捣乱。

## 行政型风格

阅读关于行政型风格的讨论之前，请先做一下自评量表2.2。然后给自己评分，参考测验后面的常模数据。

**自评量表2.2　斯滕伯格–瓦格纳行政型思维风格自评量表**

阅读以下每一个陈述句，然后用7点量表评分，每个分数对应于这个陈述句在多大程度上符合你的情况：1＝完全不符合；2＝相当不符合；3＝比较不符合；4＝说不清；

## 思维风格

5 = 比较符合；6 = 相当符合；7 = 完全符合。

___ 1. 在讨论或写下想法时，我遵循正式的陈述规则。

___ 2. 在解决任何问题时，我都会注意使用适当的方法。

___ 3. 我喜欢那种结构清晰、有既定计划和目标的项目。

___ 4. 在开始一个任务或项目之前，我会先查找一下，看看应该使用什么方法或程序。

___ 5. 我喜欢的那种情境是，我在其中的角色或参与方式被明确界定。

___ 6. 我喜欢按照一定的规则，来找出解决问题的方法。

___ 7. 我喜欢做可以按照指示做的事情。

___ 8. 在解决问题或完成任务时，我喜欢遵循明确的规则或方向。

**解读得分**

评估你自己的得分，方法是，你把自己写下的 8 个分数加起来，然后除以 8。进行除法计算，保留一位小数。你现在应该算出了一个介于 1.0 和 7.0 之间的得分。得分被分为六个等级，视你的身份和性别而定。这六个等级如下所示。

| 类别 | | 男性 | 女性 |
| --- | --- | --- | --- |
| | | 非在校成年人 | |
| 非常高 | （前 1%～10%） | 6.0～7.0 | 5.8～7.0 |
| 高 | （前 11%～25%） | 5.3～5.9 | 5.3～5.7 |
| 中高 | （前 26%～50%） | 4.5～5.2 | 4.4～5.2 |
| 中低 | （前 51%～75%） | 3.6～4.4 | 3.4～4.3 |
| 低 | （前 76%～90%） | 2.9～3.5 | 2.7～3.3 |
| 非常低 | （前 91%～100%） | 1.0～2.8 | 1.0～2.6 |

|  | 在校大学生 | |
|---|---|---|
| 类别 | 男性 | 女性 |
| 非常高　（前1%~10%） | 5.5~7.0 | 5.1~7.0 |
| 高　　　（前11%~25%） | 5.0~5.4 | 4.9~5.0 |
| 中高　　（前26%~50%） | 4.2~4.9 | 4.2~4.8 |
| 中低　　（前51%~75%） | 3.6~4.1 | 3.7~4.1 |
| 低　　　（前76%~90%） | 3.1~3.5 | 3.1~3.6 |
| 非常低　（前91%~100%）| 1.0~3.0 | 1.0~3.0 |

如果你的得分属于"非常高"等级，那表明你具有行政型风格者的全部或几乎全部特征。如果你的得分属于"高"等级，那表明你具有行政型风格者的许多特征。如果你的得分属于"中高"等级，那表明你具有行政型风格者的一些特征。如果你的得分属于最下面的三个等级，那表明你不倾向于行政型风格。但是要记住，你在多大程度上倾向于行政型风格，可能会因任务、情境和人生阶段的不同而异。

总体上，行政型风格的人是执行者：他们喜欢做事，在去做什么或者如何去做需要做的事情方面，一般来说，他们更喜欢被给予指导。他们就像亚历克斯，第1章中所描述的那位合同律师。这些人喜欢遵守规则。行政型风格的人往往能容忍官僚作风，而更具立法型风格的人则可能完全受不了。

莎伦和碧翠斯都是中层主管，供职于联邦政府机构。她们在同一时间入职。她们所做的工作，就是关于医疗保健不同方面的项目管理。莎伦的思维风格主要是立法型的，碧翠斯的则是行政型的。关于如何改善机构运作，莎伦有很多想法，并且急于付诸实施；碧翠斯也有一些自己的想法，但是她愿意按制度办事，静待自己的想法逐渐被采纳，或者根本不会被采纳。

在她们入职三年后，碧翠斯的一些想法被采纳了，莎伦提出的任何想法都没被采纳。又过了一年，莎伦离职了，她感到灰心丧气和精疲力竭。由于无法适应官僚环境，她提出的革新想法一直不被采纳。相比之下，碧翠斯愿意接受指导，所以她的上司更愿意听取她的意见，当她建议对工作程序进行渐进性的而不是革命性的修改时，她的上司会采纳建议，并做出改变。因此，具有讽刺意味的是，立法型风格的人有时不能如愿以偿，行政型风格的人更能促进改变，尤其是在官僚环境中。

行政型风格的人也喜欢执行规则和法律（他们自己的或其他人的）。我自己的工作的一个主要部分是，写项目申请书，提交给政府和私人基金机构。申请书撰写要求似乎是专为行政型风格的申请人定制的，因为要遵守的规则太多了。偏向于立法型风格的人该怎么做？有一次，我的项目申请书被打回，因为无数表格中的一份没有正确填写，在此之后，我开始让我的助手应对遵从规则方面的问题。不偏好某种风格的人，可以通过与偏好这种风格的人合作，以弥补自己的不足。

行政型风格的人喜欢处理别人交办的问题或者预先编好的问题，以实干为荣——以完成任务为荣。正是因为这个原因，立法型风格的人和行政型风格的人合作可以如此成功。立法型风格的人通常从提出项目计划中获得满足感，行政型风格的人从按计划完成项目中获得满足感。因此，这两种人可以很好地相辅相成。

这种合作并不总是可能的，因此个体可能不得不"重新定义"自己在做什么,以激励自己。例如,立法型风格的科学家或其他学者,往往对做研究计划比对写研究报告更感兴趣,在他们看来,写报告的过程是乏味的。但如果他们把写作看成一种创造性的挑战,而不仅仅是对事实的平淡描述,他们就可能成功地把研究报告写出来。行政型风格的人可以激励自己做研究计划,如果他们认识到,虽然他们不喜欢写研究计划书,但那只是短暂的痛苦,为实际做长期项目的过程铺路。

在职业选择方面,行政型风格的人往往与立法型风格的人有很大不同。行政型风格的人喜欢并且可能从事的职业有:警察,士兵,教师,行政管理员,应用型研究人员(其负责解决的问题是由管理层给定的),司机,消防员,某些类型的医生。在喜欢和不喜欢的事方面,他们与立法型风格的人基本上正好相反。

在希望员工遵循一套规则或指导方针来做事的组织中,行政型风格的人往往会受到重视。谁是一个职位的最佳人选,这往往取决于该职位上的人被期望持守的风格规范。例如,教育委员会通常会选聘督学。对于期望督学听从他们指挥的委员会来说,最令他们满意的是,选择一个行政型风格的人担任督学;对于期望督学按自己想法去做并承担责任的委员会来说,最令他们满意的是,选择一个立法型风格的人担任督学。这个例子表明,尽管不同的工作似乎需要不同的风格,但实际上,能确定谁"最适合"这份工作的是,在工作岗位上的表现如何被评估。

## 司法型风格

阅读关于司法型风格的讨论之前,请先做一下自评量表2.3。然后使用这个量表下面的计分法算出自己的得分。

**自评量表2.3 斯滕伯格–瓦格纳司法型思维风格自评量表**

阅读以下每一个陈述句,然后用7点量表评分,每个分数对应于这个陈述句在多大程度上符合你的情况:1 = 完全不符合;2 = 相当不符合;3 = 比较不符合;4 = 说不清;5 = 比较符合;6 = 相当符合;7 = 完全符合。

___ 1. 在讨论或写下想法时,我喜欢批评别人的做事方式。

___ 2. 当面对相互对立的想法时,我喜欢确定哪种想法是做某事的正确方式。

___ 3. 我喜欢检查和评价对立的观点或相互矛盾的想法。

___ 4. 我喜欢做那种可以研究和评价不同观点和想法的项目。

___ 5. 我喜欢那种可以给别人的设计或方法打分的任务或问题。

___ 6. 在做决定时,我喜欢把对立的观点比较一下。

___ 7. 我喜欢那种可以比较和评价不同做事方式的情境。

___ 8. 我喜欢从事涉及分析、评分或对事物进行比较的工作。

**解读得分**

评估你自己的得分,方法是,你把自己写下的8个分数加起来,然后除以8。进行除法计算,保留一位小数。你现在应该算出了一个介于1.0和7.0之间的得分。得分被分为六个等级,视你的身份和性别而定。这六个等级如下所示。

## 非在校成年人

| 类别 | | 男性 | 女性 |
| --- | --- | --- | --- |
| 非常高 | （前 1%～10%） | 5.6～7.0 | 5.8～7.0 |
| 高 | （前 11%～25%） | 5.3～5.5 | 5.2～5.7 |
| 中高 | （前 26%～50%） | 4.6～5.2 | 4.8～5.1 |
| 中低 | （前 51%～75%） | 4.1～4.5 | 4.1～4.7 |
| 低 | （前 76%～90%） | 3.6～4.0 | 3.4～4.0 |
| 非常低 | （前 91%～100%） | 1.0～3.5 | 1.0～3.3 |

## 在校大学生

| 类别 | | 男性 | 女性 |
| --- | --- | --- | --- |
| 非常高 | （前 1%～10%） | 5.3～7.0 | 5.6～7.0 |
| 高 | （前 11%～25%） | 4.6～5.2 | 5.0～5.5 |
| 中高 | （前 26%～50%） | 4.2～4.5 | 4.6～4.9 |
| 中低 | （前 51%～75%） | 3.9～4.1 | 4.2～4.5 |
| 低 | （前 76%～90%） | 3.5～3.8 | 3.2～4.1 |
| 非常低 | （前 91%～100%） | 1.0～3.4 | 1.0～3.1 |

如果你的得分属于"非常高"等级，那表明你具有司法型风格者的全部或几乎全部特征。如果你的得分属于"高"等级，那表明你具有司法型风格者的许多特征。如果你的得分属于"中高"等级，那表明你具有司法型风格者的一些特征。如果你的得分属于最下面的三个等级，那表明你不倾向于司法型风格。但是要记住，你在多大程度上倾向于司法型风格，可能会因任务、情境和人生阶段的不同而异。

具有司法型风格的人，就像第 1 章中所描述的三个大学室友中的科温。他们喜欢评价规则和程序，喜欢判断事物。例如，作为记者，他们宁愿做专栏作家，也不愿做一线新闻报道者，因为

39　那是一份需要更多的行政型思维风格的工作。作为老师，他们更喜欢的可能是评价学生，而不是教学生。作为管理者，他们更喜欢的可能是给员工打分，而不是管理员工。

司法型风格的人也喜欢那种可以对事物和想法进行分析和评价的问题。例如，我是个具有立法型风格的人，在工作中，我担任的职务需要高度司法型风格：一个期刊的编辑，期刊名为《心理学公报》(*Psychological Bulletin*)。期刊编辑的主要工作是，评估稿件是否适合发表，这份工作最适合司法型风格的人来做。但是，与我的许多编辑同事不同，我对评估稿件没兴趣。因此，我试着把我的工作的一个主要部分变成创新——重新定义期刊的优先项目，构想出我认为会令读者感兴趣的研讨会。有些工作可以在一定限度内被重新定义，以适应在该岗位上的人所具有的思维风格，只要他们能确保完成该做的事情。

立法型风格的人和司法型风格的人可以在一个团队中很好地合作。例如，选聘工作大多需要司法型风格，很适合喜欢评价他人的人来做。在招生和招聘委员会，我的工作表现不出色，因为我没兴趣阅读每个候选人的简历并做出评价。我总是在想，我凭什么去评判别人，一个司法型风格的人就不太可能受这种疑问的困扰。但是至少在我任职的院系，我也能在某些方面对招生和招聘工作有所贡献，例如，试着重新定义录取标准，制定招生程序，减少对标准化考试成绩的重视；制定招聘程序，减少对所谓客观指标（如发表文章的数量）的重视，因为那可能是强调数量而不是质量。像我这种立法型风格的人，可能不适合去阅读申请材料并对其进行评判，因为我没兴趣按应有的方式做这件事；但是立法型风格的人可以与司法型风格的人合作，提出一些司法型风格的人在进行评估时可能会用到的标准。

司法型风格的人喜欢对结构和内容进行评判。因此，在上面的我个人的例子中，他们可能会喜欢对我提出的招聘程序进行评判，就像他们喜欢评判应聘者一样。他们因此发挥有价值的作用，为更具立法型风格的人提出的建议把关，确保那些建议是切实可行的。在我看来，重要的是，司法型风格的人可以得到他们所需要的培训，以便正确地判断事物。例如，在教育领域，有很多人具有司法型风格，但是没有接受过实验设计和统计方面的培训，所以他们无法对教育改革或学校实施的其他方案进行严格的检验。因此，他们最终可能会根据不充分的信息（不是理想情况下所能或应该得到的）做出判断。

司法型风格的人可能喜欢以下一些活动：写评论，发表意见，评判别人及其工作，评估项目。例如，文学评论家可能偏向于司法型风格，作家（其作品会被评论）则更可能具有立法型风格。

司法型风格的人可能特别适合从事以下职业：法官，评论家，项目评估员，招生官，拨款和合同监督员，系统分析员，咨询师。表2.2列出了他们可能喜欢和不喜欢的一些事。

每个组织都是既需要有司法型风格的人，也需要有立法型风格的人和行政型风格的人。某些人或某个小组必须制定规范和计划，其他人必须执行它们，还有一些人必须确保它们切实有效。这些风格中没有哪一种风格比其他的"更好"，这仅仅是因为，没有一个组织能够长期运作，如果所有这些风格不能在这个组织中得到体现的话。如果一个组织中没有立法型风格的人，这个组织最终只能模仿其他组织，因此总是落后。如果一个组织中没有行政型风格的人，这个组织可能会有许多计划，但永远得不到落实。如果一个组织中没有司法型风格的人，这个组织就无法成功开展评估方面的工作（评估它的政策和计划中，有哪些是有效的，哪些是无效的）。

当然，这些功能不一定要由不同的人来行使。同一个人可以并且通常会在不同程度上行使所有这三种功能。但是人们通常会更适合担任这种角色或那种角色，将人与角色匹配通常有助于促进一个组织的工作质量，同时也有助于人们更快乐地履行好自己的职责。因此，对于一个组织来说，重要的是，确保这三种功能都以某种方式被体现，而且最好能让人们更快乐地履行自己的职责。

表 2.2　司法型风格 – 评价者喜欢和不喜欢的一些事

| 喜欢的事 | 不喜欢的事 |
| --- | --- |
| **在学校** | |
| 比较和对比文学作品中的人物 | 记住文学作品中的那些人物在什么时候做了什么 |
| 分析一个故事的情节或主题 | 从头开始写一个故事 |
| 对一个科学理论或实验进行评价，指出正确的和错误的方面 | 构思一个科学理论或实验 |
| 纠正别人的工作 | 在没有给出评价的理由的情况下，接受老师的评价 |
| 分析战争爆发的原因 | 记住战争的日期 |
| 对一个竞技运动队的策略进行评价 | 遵循教练的指示，却不明白教练为什么给出这样的指示 |
| 分析美术作品的意义 | 创作原创艺术作品 |
| 找出数学证明中的错误 | 记住一个数学证明 |

续前表

| 喜欢的事 | 不喜欢的事 |
| --- | --- |
| **在工作中** | |
| 评估商业计划 | 执行给定的商业计划 |
| 判断下属的工作质量 | 被指派帮助能力较弱的下属 |
| 分析一场广告活动的优缺点 | 发起一场广告活动 |
| 决定如何合理分配资金 | 被告知你的单位将如何分配资金 |
| 面试求职者 | 被要求聘用上级指定的求职者 |
| 比较一下两份合同建议书对公司的价值 | 撰写一份合同建议书 |
| 决定如何修改下属写的备忘录 | 写一份备忘录，记录别人对某种情境的评价 |

## 测量问题

当我们测量思维风格的时候，我们并不是局限于斯滕伯格－瓦格纳量表，而是尝试设计各种评估方法，并考虑到人们在特定情境下的喜欢和不喜欢的事。通过这种方式，我们能更好地了解一个人在特定任务中和情境下的思维风格。例如，在我们的研究中，埃琳娜·格里格伦科和我让学生们回答以下一些问题，以评估他们在学习上是倾向于立法型、行政型或司法型风格：

1. 当我学习文学的时候，我更喜欢

   a. 用我自己构思的人物和情节，来编我自己的故事。

   b. 评价作者的风格，批判作者的观点，评价人物的行为。

   c. 遵循老师的建议，听取老师对作者立场的诠释，运用老师教的方法来分析文学作品。

## 思维风格

　　d. 做其他事情（请在下面的空白处描述你的偏好）。

2. 当我学习历史的时候，我

　　a. 试图理解和评价历史人物的行为。

　　b. 想象在同样的历史情况下我会怎么做。

　　c. 知道我必须学习一些历史知识，即使我对这个主题不感兴趣。

　　d. 做其他事情（请在下面的空白处描述你的偏好）。

　　通过这些选项，学生们可以评估自己的思维风格是立法型的（1-a, 2-b）、司法型的（1-b, 2-a），或行政型的（1-c, 2-c）。这些回答本身无所谓正确或错误。但是请注意，在文学或历史课上，一个老师的教学方式，以及其评价学生的方式，可能会使其偏爱具有某种风格的学生。如果一个老师鼓励学生创造性地表达自己，这个老师很可能会偏爱具有立法型风格的学生；如果一个老师强调批判性分析、解释和比较，这个老师很可能会偏爱具有司法型风格的学生；如果一个老师要求学生们接受其观点，强调学习"事实性知识"，这个老师很可能会偏爱具有行政型风格的学生。

　　这里还有两道选择题，可以对比行政型风格（3-a, 4-b）和立法型风格（3-b, 4-a）：

3. 放学后，我通常

　　a. 参加与学校有关的俱乐部、组织或运动队的一些课外活动。

　　b. 独自活动，我不喜欢有组织的活动。

4. 当我买新衣服的时候，我更喜欢

　　a. 买那种与别人穿的衣服都不同的衣服，这样我就可以创造自己的风格。

b. 比照我最要好的朋友们穿的衣服，买与之相似的衣服。

上述选项表明，思维风格可以因特定情况而异。在学校学习时表现出立法型风格的学生，在选择衣服的时候则可能表现出行政型风格，反之亦然。因此，我们需要在具体的情况下理解思维风格，包括下一章讨论的几种类型的思维风格，它们涉及心理自我管理的形式。

# 第 3 章
# 思维风格的形式

君主型、等级型、寡头型和无政府型风格

埃伦是个天生爱读书的人,但她的弟弟克雷格却不是。作为一个关心孩子的家长,克雷格的父亲希望他爱读书。但他试图让他儿子爱读书的最初尝试,并不是很成功。这位父亲从小就喜欢读漫画书,与阅读《迪克、简和莎莉》(*Dick, Jane, and Sally*)之类的儿童分级读物相比,他从漫画书中学到的知识更多。但是不管用:克雷格不感兴趣。然后,这位父亲尝试让他儿子读《哈迪男孩》(*The Hardy Boys*)——他小时候读过这一系列的每一本书。还是不管用:克雷格觉得那些书没趣。就像每一位父亲一样,这位父亲也懂得了,父亲感兴趣的东西不一定会引起儿子的兴趣。

克雷格比较专一,当时他只对体育感兴趣。作为父亲,看到儿子只对体育感兴趣,他有了一个主意。他让克雷格读体育小说——像克雷格一样,故事书中的男孩子们都很热爱体育,他们的人生历险是围绕着体育展开的。在克雷格这个年龄,这位父亲想成为一名侦探,像哈迪男孩一样,但是克雷格想成为一名运动员。这次管用了：克雷格开始读书了。

读书是父亲想让他做，并且认为对他来说是正确的事，父亲能够让克雷格爱读书，是通过利用他的思维风格的一个方面。在思维风格上，克雷格倾向于君主型，或者叫专一型。

政府在管理风格上可以有不同的形式，人们的心理自我管理也有不同的形式。这四种形式是君主型、等级型、寡头型、无政府型。通过了解你自己以及其他人的思维风格形式，你会看得更清楚，知道如何认识自己，并知道如何有效地与他人相处。

## 》 君主型风格

在继续阅读之前，你可能希望用一种君主型风格量表进行自我测试和评估。若是这样，那就请先做一下自评量表3.1。

### 自评量表3.1　斯滕伯格–瓦格纳君主型思维风格自评量表

阅读以下每一个陈述句，然后用7点量表评分，每个分数对应于这个陈述句在多大程度上符合你的情况：1 = 完全不符合；2 = 相当不符合；3 = 比较不符合；4 = 说不清；5 = 比较符合；6 = 相当符合；7 = 完全符合。

—— 1. 在讨论或写下想法时，我会始终坚持一个主要的想法。

—— 2. 我喜欢探讨重大问题或主题，而不是细节或事实。

—— 3. 在尝试完成一项任务时，我倾向于忽略其中出现的新问题。

—— 4. 我会使用任何手段来达成自己的目标。

—— 5. 在尝试做一个决定的时候，我往往只考虑一个主要因素。

## 思维风格

___ 6. 如果我有几件重要的事要做，我会选择去做对我来说最重要的那件事。

___ 7. 我喜欢一次专注于一项任务。

___ 8. 在开始另一个项目之前，我必须先完成手头的项目。

**解读得分**

评估你自己的得分，方法是，你把自己写下的8个分数加起来，然后除以8。进行除法计算，保留一位小数。你现在应该算出了一个介于1.0和7.0之间的得分。得分被分为六个等级，视你的身份和性别而定。这六个等级如下所示。

非在校成年人

| 类别 | | 男性 | 女性 |
| --- | --- | --- | --- |
| 非常高 | （前1%～10%） | 5.2～7.0 | 5.0～7.0 |
| 高 | （前11%～25%） | 4.6～5.1 | 4.1～4.9 |
| 中高 | （前26%～50%） | 4.1～4.5 | 3.8～4.0 |
| 中低 | （前51%～75%） | 3.4～4.0 | 3.2～3.7 |
| 低 | （前76%～90%） | 3.1～3.3 | 2.6～3.1 |
| 非常低 | （前91%～100%） | 1.0～3.0 | 1.0～2.5 |

在校大学生

| 类别 | | 男性 | 女性 |
| --- | --- | --- | --- |
| 非常高 | （前1%～10%） | 4.6～7.0 | 5.0～7.0 |
| 高 | （前11%～25%） | 4.1～4.5 | 4.4～4.9 |
| 中高 | （前26%～50%） | 3.6～4.0 | 4.0～4.3 |
| 中低 | （前51%～75%） | 3.2～3.5 | 3.5～3.9 |
| 低 | （前76%～90%） | 3.0～3.1 | 3.1～3.4 |
| 非常低 | （前91%～100%） | 1.0～2.9 | 1.0～3.0 |

如果你的得分属于"非常高"等级，那表明你具有君主型风格者的全部或几乎全部特征。如果你的得分属于

"高"等级,那表明你具有君主型风格者的许多特征。如果你的得分属于"中高"等级,那表明你具有君主型风格者的一些特征。如果你的得分属于最下面的三个等级,那表明你不倾向于君主型风格。但是要记住,你在多大程度上倾向于君主型风格,可能会因任务、情境和人生阶段的不同而异。

与克雷格一样,在思维风格上主要表现出君主型的人,倾向于一次只被一个目标或需求所驱动。如果你和一个君主型风格的人结了婚,你通常很快就会发现。如果这个人痴迷于某件事,或者更糟糕的是,痴迷于某个人(而不是你),那么你可能很快就会发现。例如,如果你的配偶痴迷于工作,那就会很忙,没有时间和你在一起!如果你的配偶痴迷于别人,那情况会更糟,就像英国的查尔斯王子,他显然痴迷于卡米拉·帕克-鲍尔斯(Camilla Parker-Bowles)。当然,小说①中的斯嘉丽·奥哈拉(Scarlett O'Hara)有同样的君主型痴迷,她的痴迷对象是艾希礼(Ashley),而不是瑞德(Rhett)。然而,与查尔斯王子不同的是,她永远不可能真正成为一个君主!

君主型风格的人倾向于专注一件事情,并且受其所专注的事情驱动。我们有时会轻率地说某些人患有强迫症,在严格的临床意义上,他们当中的很多人并不是患有强迫症。例如,一个真正的强迫症患者,若是有强迫性思维,头脑中会有一种强烈的想法,无论患者本人怎么努力,都挥之不去;若是有强迫性行为,患者会频繁地重复做某件事情,尽管患者本人不愿意这么做,例

---

① 指小说《飘》。——译者注

如反复洗手。一个喜欢收藏钱币或者沉迷于研究美酒的人，通常并不是患有强迫症。关于强迫症的许多故事，通常都是关于具有君主型风格的人的故事。

这里有一个强迫症的例子，如埃德加·爱伦·坡所描述的：

> 我很难说清，那个想法最初是如何进入我的头脑的，但一旦有了那个想法，它就日日夜夜困扰着我。没有目标。没有激情。我爱那个老头。他从来没有冤枉过我。他从来没有侮辱过我。我不想谋取他的钱财。我想是因为他的眼睛！是的，正是如此！他有只眼睛就像是兀鹰的眼睛——一只淡蓝色的眼睛，蒙着一层薄膜。每当那只眼睛注视着我的时候，我的血就会变冷；于是，渐渐地——非常缓慢地——我终于下定决心要杀掉那个老头，这样就可以使自己永远摆脱那只眼睛了。[1]

下面是同一个作者所写的另一个人，这个人变得很有君主型风格，但不是强迫症：

> 但是我的心更明亮
> 它比那所有的
> 在天上的星星还明亮，
> 因为它闪烁着安妮的光芒——
> 它与那道光一起闪闪发光
> 我的安妮的爱的光芒——
> 想到那道光
> 我的安妮的目光。[2]

在《泄密的心》这个故事中，主人公控制不住自己，总是不停地去想老头的那只眼睛。在《献给安妮》（For Annie）一诗中，主人公选择去想他的已逝去的爱人，安妮。

君主型风格的人倾向于从他们的"问题"角度来看待事物。作为总统，理查德·尼克松变得颇具君主型风格，总是想着他的敌人如何陷害他。在他的总统任期，他的大部分时间致力于追踪这些真实的和想象中的敌人，并且给他们应得到的"报复"。他把主要精力投入了错误的地方，这是尼克松辞去总统职务的原因之一。

当今企业之间的激烈竞争，再加上裁员，可能是一个环境因素，导致管理者专注于短期的净利润，在这方面颇具君主型风格。其结果是，员工们因为需要追求短期利润而疲惫不堪，长期问题要么被搁置，要么被忽视。

君主型风格的人通常会试图解决问题，全速前进，无视障碍。他们可能是坚决果断的，有时过于坚决果断。例如，加拿大总理让·克雷蒂安起初对魁北克问题不够重视，在1995年的一次公民投票中，魁北克省险些脱离加拿大。克雷蒂安后来就特别关注魁北克问题。他想解决这个问题，并且要很快解决它。他提出了一项计划，将加拿大划分为四个主要区域：东部、西部、安大略省和魁北克省。这个计划被一些人认为缺乏敏感性，因为其把加拿大东部和西部地区的许多省份划归在一起，给了安大略省和魁北克省优先权。而且，这四个主要区域划分，甚至没有反映出加拿大人口的相对比例。例如，西部地区的人口远远多于东部地区的人口。在专注于解决一个问题的时候，具有君主型风格的人可能会忽略其他人的优先事项，就像克雷蒂安在这个例子中所做的那样。

思维风格

一个具有君主型风格的人，如果他看不出某件事与自己的首要问题有什么关系，他就可能会对这件事不感兴趣。这意味着，在具有君主型风格的人们面前，如果一个人将其所能提供的与他们的问题联系起来，这个人就能抓住他们的兴趣。因此，在政治竞选中，候选人很快就学会了根据听众的不同而调整自己的演讲，试图抓住热点问题或特定选区的选民们关注的问题。

在教育领域，如果老师了解孩子们对什么最感兴趣，他们就能更好地激发孩子们的学习兴趣。几年前，克雷格还是一名中学生，他的科学课考试成绩得了 C，尽管他对这门课很感兴趣。他的母亲去找这门课的授课老师谈话。在那时，克雷格的兴趣已经转向了，他最感兴趣的不是体育，而是计算机。君主型风格的人的一个特点是，他们的兴趣可能会改变，但他们专注于一件事的倾向通常不会改变。克雷格的母亲问老师，他是否知道克雷格对计算机有浓厚的兴趣。他知道。这位母亲建议，如果老师能以某种方式将计算机问题带入科学课堂，克雷格和其他学生的学习兴趣就可能会被激发起来。值得称赞的是，老师采纳了克雷格母亲的建议。克雷格的考试成绩提高了，从 B 变成了 A，其他学生也是如此。把兴趣引入课堂，学生们的学习表现会很快改变。但是，不具有君主型风格的那些人怎么办？

## ▶▶ 等级型风格

在继续阅读之前，你可以先做一下关于等级型风格的量表（自评量表 3.2）。

## 自评量表3.2　斯滕伯格–瓦格纳等级型思维风格自评量表

阅读以下每一个陈述句，然后用7点量表评分，每个分数对应于这个陈述句在多大程度上符合你的情况：1 = 完全不符合；2 = 相当不符合；3 = 比较不符合；4 = 说不清；5 = 比较符合；6 = 相当符合；7 = 完全符合。

___ 1. 在开始做事之前，我喜欢先确定我需要做的事情的优先次序。

___ 2. 在讨论或写下想法时，我喜欢把各种问题按重要性排序。

___ 3. 在开始一个项目之前，我喜欢弄清楚我必须做哪些事情，以及按照什么顺序来做。

___ 4. 在处理各种难题的时候，我很清楚每一个难题的重要性，以及处理它们的先后顺序。

___ 5. 当我有很多事情要做的时候，我清楚地知道该按照什么顺序去做。

___ 6. 在开始做事情的时候，我喜欢把要做的事情列一个清单，按照重要程度对事情进行排序。

___ 7. 在处理一项任务的时候，我知道各个部分与任务的总体目标如何相关联。

___ 8. 在讨论或写下想法时，我会强调主要的想法，以及各种成分是如何结合在一起的。

**解读得分**

评估你自己的得分，方法是，你把自己写下的8个分数加起来，然后除以8。进行除法计算，保留一位小数。你现

## 思维风格

在应该算出了一个介于 1.0 和 7.0 之间的得分。得分被分为六个等级，视你的身份和性别而定。这六个等级如下所示。

**非在校成年人**

| 类别 | | 男性 | 女性 |
| --- | --- | --- | --- |
| 非常高 | （前 1%～10%） | 6.2～7.0 | 6.5～7.0 |
| 高 | （前 11%～25%） | 5.8～6.1 | 6.0～6.4 |
| 中高 | （前 26%～50%） | 5.1～5.7 | 5.3～5.9 |
| 中低 | （前 51%～75%） | 4.5～5.0 | 4.2～5.2 |
| 低 | （前 76%～90%） | 4.1～4.4 | 3.4～4.1 |
| 非常低 | （前 91%～100%） | 1.0～4.0 | 1.0～3.3 |

**在校大学生**

| 类别 | | 男性 | 女性 |
| --- | --- | --- | --- |
| 非常高 | （前 1%～10%） | 6.8～7.0 | 6.1～7.0 |
| 高 | （前 11%～25%） | 5.9～6.7 | 5.5～6.0 |
| 中高 | （前 26%～50%） | 5.0～5.8 | 5.0～5.4 |
| 中低 | （前 51%～75%） | 4.8～4.9 | 4.3～4.9 |
| 低 | （前 76%～90%） | 4.0～4.7 | 3.9～4.2 |
| 非常低 | （前 91%～100%） | 1.0～3.9 | 1.0～3.8 |

如果你的得分属于"非常高"等级，那表明你具有等级型风格者的全部或几乎全部特征。如果你的得分属于"高"等级，那表明你具有等级型风格者的许多特征。如果你的得分属于"中高"等级，那表明你具有等级型风格者的一些特征。如果你的得分属于最下面的三个等级，那表明你不倾向于等级型风格。但是要记住，你在多大程度上倾向于等级型风格，可能会因任务、情境和人生阶段的不同而异。

等级型风格的人倾向于被多种目标（有一个层次结构）所驱动，并且认识到，自己不可能把所有目标都完成得同样好，有些目标比其他目标更重要。因此，他们往往会按照自己设定的优先级来分配资源。君主型风格的人喜欢集中精力做好一件事，相当于把所有的鸡蛋放在一个篮子里——等级型风格的人喜欢合理地分配资源。

我曾经有一个学生，每当她来我的办公室见我的时候，她总会带一份清单，列出她想讨论的事情。清单上的事情是按优先次序排列的。所以她总是先讨论最重要的事情，然后再讨论不太重要的事情，最不重要的事情被排在最后。这样的话，如果我们没有时间讨论每一件事，她至少能确保先把最重要的事情讨论了。有一天，这个学生来到我的办公室，拿着似乎是另一种类型的清单。我表示我注意到她改变了清单格式。我不太明白这是为什么。她解释说，事情是这样的，她已经有了这么多的清单，她现在建了个清单的清单。我看到的是一个更高级的主清单。等级型风格的人就是这样的。

在解决问题和做决定时，等级型风格的人倾向于系统化和组织化。这种组织化也许是使他们在学校和许多其他机构中处于有利地位的原因之一。在大多数机构，等级型风格的人总是会处于有利地位，这种现象在学校最为突出。学生们上很多门课，所以他们必须设定优先次序，确定在每门课上付出多少时间和精力。学校的考试往往是，要求学生们在限定的时间内做完题量很大的试卷，所以等级型风格的学生就会有优势，因为他们会设定优先级，在规定的时间内答完尽可能多的试题。他们写的作文往往是层次井然的，这是老师喜欢的写作风格，在阅读文章的时候，他

思维风格

们也能抓住重点。

等级型风格是否也有坏处？可能是的。请记住，思维风格本身并没有好坏之分。例如，如果一个人要完成一个很重要的项目，比如一篇博士论文，那么具有君主型风格可能更有利。或者，如果一个公司有一个单一的目标，比如净利润，那么在实现这一目标方面，君主型风格的人可能具有优势。等级型风格的人也可能如此执着于层次结构的各个要素，以至于变得优柔寡断。一个人需要花时间安排优先事项，但也要确保它们得到落实。

## 寡头型风格

在继续阅读之前，你可以先做一下关于寡头型风格的量表（自评量表3.3）。

### 自评量表3.3　斯滕伯格–瓦格纳寡头型思维风格自评量表

阅读以下每一个陈述句，然后用7点量表评分，每个分数对应于这个陈述句在多大程度上符合你的情况：1 = 完全不符合；2 = 相当不符合；3 = 比较不符合；4 = 说不清；5 = 比较符合；6 = 相当符合；7 = 完全符合。

___ 1. 当我承担一些任务的时候，我通常会从要做的几件事中随机选择一件事，作为工作的开头。

___ 2. 当我在工作中需要解决一些同等重要的问题的时候，我会尝试同时解决它们。

___ 3. 通常，当我有很多事情要做的时候，我会把我的时间和注意力平均分配到这些事情上。

—— 4. 我试图同时兼顾几件事，这样我就可以在它们之间来回转换。

—— 5. 我通常会同时做几件事情。

—— 6. 如果我需要完成多件事情，在为这些事情设定优先级的时候，我有时会感到有困难。

—— 7. 我通常知道需要做哪些事情，但我有时很难决定以什么顺序去做。

—— 8. 通常，在做一个项目的时候，我倾向于认为它的几乎所有方面都同等重要。

**解读得分**

评估你自己的得分，方法是，你把自己写下的8个分数加起来，然后除以8。进行除法计算，保留一位小数。你现在应该算出了一个介于1.0和7.0之间的得分。得分被分为六个等级，视你的身份和性别而定。这六个等级如下所示。

|  |  | 非在校成年人 |  |
| --- | --- | --- | --- |
|  | 类别 | 男性 | 女性 |
| 非常高 | （前1%~10%） | 5.3~7.0 | 5.3~7.0 |
| 高 | （前11%~25%） | 4.7~5.2 | 4.5~5.2 |
| 中高 | （前26%~50%） | 3.7~4.6 | 3.5~4.4 |
| 中低 | （前51%~75%） | 2.6~3.6 | 2.8~3.4 |
| 低 | （前76%~90%） | 1.9~2.5 | 2.1~2.7 |
| 非常低 | （前91%~100%） | 1.0~1.8 | 1.0~2.0 |

思维风格

|  |  | 在校大学生 |  |
| --- | --- | --- | --- |
| 类别 |  | 男性 | 女性 |
| 非常高 | （前 1%～10%） | 4.4～7.0 | 5.0～7.0 |
| 高 | （前 11%～25%） | 4.0～4.3 | 4.3～4.9 |
| 中高 | （前 26%～50%） | 3.4～3.9 | 3.8～4.2 |
| 中低 | （前 51%～75%） | 2.8～3.3 | 3.0～3.7 |
| 低 | （前 76%～90%） | 2.1～2.7 | 2.4～2.9 |
| 非常低 | （前 91%～100%） | 1.0～2.0 | 1.0～2.3 |

如果你的得分属于"非常高"等级，那表明你具有寡头型风格者的全部或几乎全部特征。如果你的得分属于"高"等级，那表明你具有寡头型风格者的许多特征。如果你的得分属于"中高"等级，那表明你具有寡头型风格者的一些特征。如果你的得分属于最下面的三个等级，那表明你不倾向于寡头型风格。但是要记住，你在多大程度上倾向于寡头型风格，可能会因任务、情境和人生阶段的不同而异。

在寡头政治中，权力由几个人平等分享。具有寡头型风格的人，倾向于被几个相互竞争的、同等重要的目标所驱动。他们很难决定优先考虑哪些目标。其结果是，他们在分配资源方面可能会有困难。他们可能有能力做出优秀的工作，但如果他们处于需要分配资源的情境下，他们就不一定能做成优秀的工作。

几年前，我有一个秘书，她能胜任这份工作，但她似乎总是先做我给她安排的最不紧急的事情。如果我给她安排三件或四件事情，让她去做，她肯定会先做完最不紧急的事情，最后做最紧急的那件事。我终于无法忍受这种懊恼了，我决定要么另找一个秘书，要么以一种完全不同的方式和她合作。

然后，我有了一个新想法，当时看起来像是头脑风暴，但现在回想起来，似乎是很明显的。我开始了一个新的工作流程，每次给她布置任务的时候，我都会把事情按优先级排序，从1（最高优先级）到3（最低优先级）。因此，我直接告诉她，我需要她把哪件事先做完，而不是让她自己去领悟。她的工作表现立即发生了彻底的变化。作为一名高效的员工，她又继续在我身边工作了很多年。

在设定优先级方面，因为寡头型风格的人不会无师自通，所以他们可能需要在这方面得到指导。如果寡头型风格的人有足够的时间或资源来完成每件事情，他们的寡头型风格甚至不会影响其工作表现。但是，在有资源分配问题的情况下，寡头型风格的人若是能在设定优先级方面得到指导，无论是直接指导还是其他形式的帮助，他们的工作表现都会有很大提高。

从某种意义上说，寡头型风格者既有君主型风格者的特点，也有等级型风格者的特点。与君主型风格者一样，寡头型风格者也不是天生的优先级设定者。与等级型风格者一样，寡头型风格者也喜欢同时做多件事。事实上，在没有资源限制的情境下，寡头型风格者与等级型风格者在工作表现上可能没什么差别。

寡头型风格似乎是等级型风格的一个稍差的版本——也许是一个已经失去了优先级意识的变异版本。但可以说，在某些情况下，寡头型风格也能同样有效或更有效。例如，在一个政府或者一个商业组织中，等级制度一旦根深蒂固，就会变得僵化。有时，组织会受到影响，因为它们形成了一层又一层的等级制度——通常是在中层管理层——最终达到这样的地步：管理层不再服务于某一目的。管理层次较少的等级制组织，往往具有更大的灵活性，并且可以更快地改变，以适应不断变化的环境。同样，与等级型风格的人相比，寡头型风格的人可能会给自己设定较少的障碍，从而有更灵活的表现，在某些情况下，实际上可能会表现更好。与此同时，在可能需要目标或优先级或任何层次结构的情况下，等级型风格的人就会更有优势。

寡头型风格的员工和学生，有时会因为需要在有限时间内兼顾多项任务而表现不佳，例如，如果他们需要兼顾长期项目和短期项目，他们可能发现自己把时间都投入一组项目上，而忽略了另一组项目。从事管理和其他工作的员工有时会失败，因为他们只顾着紧迫的短期问题，没有留出时间来考虑不那么紧迫但最终可能更重要的长期问题。有时，他们之所以失败，仅仅因为这场竞争是需要着眼于长远的。

寡头型风格能如何促进或阻碍一个人的生活，可以从工作时间和私人时间之间的权衡来看。一个等级型风格的人会设定一系列的优先级，并试图坚持按优先级来做事。在设定优先级并坚持执行方面，这个人是有优势的，但也可能会处于劣势，比如说，如果情况有变化，需要在短时间内改变优先级；而这个人并没有意识到这一点，仍然坚持以前设定的（目前非最优的）优先级。寡头型风格的人或许能够更灵活地转换优先级。但是，这样的人更有可能只顾目前最紧迫的事情，把其他事情都忽略掉，并因此而付出巨大的代价。

杰克是著名法学院的典型毕业生，毕业后进入一家大型律师事务所当律师。在最初的几年里，作为新入职的律师，他的工作压力很大，需要把大量的时间投入工作中，每周工作 80 个小时是很正常的。他觉得，他会在职业生涯的初期把所需投入的精力投入律师事务所的工作中，等到他成为律师事务所合伙人，压力减轻了，他就会有时间陪伴妻子了。这不是什么原则性的决定——只是因为，律师事务所的工作压力很大，而他妻子没有给他施加压力。

最后，杰克的妻子试图用各种方式告诉他，他也需要考虑婚姻问题，但杰克总是说他正准备这么做。最终，他的工作很顺利，但就像经常发生的那样，他的婚姻出了大问题，当他成为合伙人的时候，他没有必要再想着花更多的时间陪妻子了，因为他已经没有妻子了。如果杰克是自觉而有目的地认为，工作比婚姻更重要，那么婚姻的失败也许是可以接受的代价。然而，杰克从来没有这样认为过。正如人们常做的那样，他只是无意中陷入某种模式，后来为此付出了代价。

## ▶▶ 无政府型风格

阅读关于无政府型风格的讨论之前，请先做一下自评量表3.4，然后给自己评分。

**自评量表3.4　斯滕伯格–瓦格纳无政府型思维风格自评量表**

阅读以下每一个陈述句，然后用7点量表评分，每个分数对应于这个陈述句在多大程度上符合你的情况：1 = 完全不符合；2 = 相当不符合；3 = 比较不符合；4 = 说不清；5 = 比较符合；6 = 相当符合；7 = 完全符合。

—— 1. 当我有很多事情要做的时候，我先想起哪件事就先做哪件事。

## 思维风格

___ 2. 我可以很容易地从一项任务切换到另一项任务，因为在我看来，所有任务都同样重要。

___ 3. 我喜欢处理各种各样的问题，甚至是看似琐碎的问题。

___ 4. 在讨论或写下想法时，我先想起什么就先写什么。

___ 5. 我发现，解决一个问题，通常就会引出许多其他问题，而且这些问题同样重要。

___ 6. 当我试图做出一个决定的时候，我尽量考虑所有的观点。

___ 7. 如果我有许多重要的事情要做，我会把我所有的时间都用上，尽可能多做几件事。

___ 8. 当我开始执行一项任务时，我喜欢先考虑一下所有可行的方法，甚至是最荒谬的方法。

### 解读得分

评估你自己的得分，方法是，你把自己写下的8个分数加起来，然后除以8。进行除法计算，保留一位小数。你现在应该算出了一个介于1.0和7.0之间的得分。得分被分为六个等级，视你的身份和性别而定。这六个等级如下所示。

非在校成年人

| 类别 | | 男性 | 女性 |
| --- | --- | --- | --- |
| 非常高 | （前1%~10%） | 5.8~7.0 | 5.8~7.0 |
| 高 | （前11%~25%） | 5.4~5.7 | 5.4~5.7 |
| 中高 | （前26%~50%） | 4.9~5.3 | 4.8~5.3 |
| 中低 | （前51%~75%） | 4.1~4.8 | 4.0~4.7 |
| 低 | （前76%~90%） | 3.5~4.0 | 3.5~3.9 |
| 非常低 | （前91%~100%） | 1.0~3.4 | 1.0~3.4 |

## 第 3 章 | 思维风格的形式

| 类别 | 在校大学生 | |
|---|---|---|
| | 男性 | 女性 |
| 非常高　（前 1%～10%） | 5.2～7.0 | 5.5～7.0 |
| 高　　　（前 11%～25%） | 4.8～5.1 | 4.0～5.4 |
| 中高　　（前 26%～50%） | 4.5～4.7 | 4.4～4.8 |
| 中低　　（前 51%～75%） | 3.9～4.4 | 3.8～4.3 |
| 低　　　（前 76%～90%） | 3.4～3.8 | 3.4～3.7 |
| 非常低　（前 91%～100%） | 1.0～3.3 | 1.0～3.3 |

如果你的得分属于"非常高"等级，那表明你具有无政府型风格者的全部或几乎全部特征。如果你的得分属于"高"等级，那表明你具有无政府型风格者的许多特征。如果你的得分属于"中高"等级，那表明你具有无政府型风格者的一些特征。如果你的得分属于最下面的三个等级，那表明你不倾向于无政府型风格。但是要记住，你在多大程度上倾向于无政府型风格，可能会因任务、情境和人生阶段的不同而异。

无政府型风格的人倾向于被各种各样的需求和目标所驱动，无论是他们自己还是其他人，通常都很难把这些需求和目标理出个头绪。与其说他们是无体系的，不如说他们是反体系的。他们可能会鄙视现有的体系，有时理由很充分，但有时并没有明确的理由。因此，在大多数组织中，他们往往是不受欢迎的。

在学校里，无政府型风格的学生，可能会有反社会行为。他们不能融入集体，所以他们会脱离集体，无论是在身体上还是在心理上。即使他们留在学校上学，他们也会形单影只。他们是会向老师发起挑战的学生，这很可能不是基于某种原则，而是为了挑战老师或其他权威人物。但是，当他们成为自己所建立之体系的权威时，他们往往还是不成功，因为正如他们不善于遵循别人的体系一样，他们也不善于维护自己的体系。

无政府型风格的人更倾向于采取随机的方法应对问题。当无政府型风格的人与等级型风格的人交谈时，这两种人可能会把彼此逼疯。无政府型风格的人倾向于"漫无边际地闲聊"，很难围绕一条主线来交谈。等级型风格的人则期望至少有一种表面上的秩序。无政府型风格的人有时倾向于简单化，难以确定优先级，因为他们没有一套用以设定优先级的规则。

无政府型风格似乎与其他风格不同，是一种"坏"风格——毕竟，在一个机构里，谁想要无政府型风格的人？一般来说，思维风格没有好坏之分，而是在不同情境下有有效与无效之分，无政府型风格是这种概括的一个例外吗？我认为不是。无政府型风格的人可以做出几个重要的贡献。其中之一就是挑战体系，如果人们能够对无政府型风格的人保持耐心的话。

同样重要的是，无政府型风格的人往往具有一定的创造性潜力，而其他人则很少有这种潜力。为什么？因为无政府型风格的人愿意从多方面汲取知识。人们通常会在思想和行动的不同领域之间划定界限，无政府型风格的人则不会受这种界限的约束。他们愿意跨越界限，以大多数人从未考虑过的方式，把各方面的东西结合在一起。作为一名教师，我认为我的职责是，帮助无政府型风格者获得足够的自我组织和自律能力，使他们能够掌控自己的创造性冲动，而不是放任自流。如果无政府型风格的人能够有效地利用自己的创造性冲动，他们就可以做出很多贡献。因此，在一个复杂而不断变化的社会中，他们和其他人一样，也可以做出贡献。

# 第4章
# 思维风格的水平、范围和倾向

全局型、局部型、内倾型、外倾型、自由型和保守型风格

思维风格可以在水平、范围和倾向上有所不同。让我们看看这些都意味着什么。

## ▶ 思维风格的水平：全局型和局部型风格

阅读关于全局型风格和局部型风格的讨论之前，请先做一下自评量表4.1和4.2，然后给自己评分。

**自评量表4.1　斯滕伯格–瓦格纳全局型思维风格自评量表**

　　阅读以下每一个陈述句，然后用7点量表评分，每个分数对应于这个陈述句在多大程度上符合你的情况：1 = 完全不符合；2 = 相当不符合；3 = 比较不符合；4 = 说不清；5 = 比较符合；6 = 相当符合；7 = 完全符合。

___ 1. 我喜欢那种不用我去关心细节的情境或任务。

___ 2. 对于我必须完成的一项任务，我更关心其总体效果，

## 思维风格

而不是其中的细节。

___ 3. 在做一项任务时,我喜欢了解一下,我所做的事情是如何与整体相关的。

___ 4. 我倾向于强调问题的概况或项目的整体效果。

___ 5. 我喜欢的情境是,我可以把工作重点放在一般性问题上,而不是具体问题上。

___ 6. 在讨论或写下想法时,我喜欢展示我的想法的范围和背景,也就是概况。

___ 7. 我倾向于不太注意细节。

___ 8. 我喜欢从事处理一般性问题而不是具体细节的工作。

**解读得分**

评估你自己的得分,方法是,你把自己写下的8个分数加起来,然后除以8。进行除法计算,保留一位小数。你现在应该算出了一个介于1.0和7.0之间的得分。得分被分为六个等级,视你的身份和性别而定。这六个等级如下所示。

非在校成年人

| 类别 | | 男性 | 女性 |
| --- | --- | --- | --- |
| 非常高 | (前1%~10%) | 5.5~7.0 | 5.2~7.0 |
| 高 | (前11%~25%) | 4.9~5.4 | 4.8~5.1 |
| 中高 | (前26%~50%) | 4.4~4.8 | 4.0~4.7 |
| 中低 | (前51%~75%) | 3.6~4.3 | 3.5~3.9 |
| 低 | (前76%~90%) | 3.2~3.5 | 3.1~3.4 |
| 非常低 | (前91%~100%) | 1.0~3.1 | 1.0~3.0 |

| 类别 | 在校大学生 | |
|---|---|---|
| | 男性 | 女性 |
| 非常高（前1%~10%） | 5.3~7.0 | 5.5~7.0 |
| 高（前11%~25%） | 4.5~5.2 | 4.8~5.4 |
| 中高（前26%~50%） | 4.0~4.4 | 4.1~4.7 |
| 中低（前51%~75%） | 3.5~3.9 | 3.6~4.0 |
| 低（前76%~90%） | 3.1~3.4 | 2.9~3.5 |
| 非常低（前91%~100%） | 1.0~3.0 | 1.0~2.8 |

如果你的得分属于"非常高"等级，那表明你具有全局型风格者的全部或几乎全部特征。如果你的得分属于"高"等级，那表明你具有全局型风格者的许多特征。如果你的得分属于"中高"等级，那表明你具有全局型风格者的一些特征。如果你的得分属于最下面的三个等级，那表明你不倾向于全局型风格。但是要记住，你在多大程度上倾向于全局型风格，可能会因任务、情境和人生阶段的不同而异。

**自评量表4.2　斯滕伯格–瓦格纳局部型思维风格自评量表**

阅读以下每一个陈述句，然后用7点量表评分，每个分数对应于这个陈述句在多大程度上符合你的情况：1 = 完全不符合；2 = 相当不符合；3 = 比较不符合；4 = 说不清；5 = 比较符合；6 = 相当符合；7 = 完全符合。

___ 1. 我喜欢处理具体的问题，不喜欢处理一般性的问题。

___ 2. 我喜欢的任务是，处理单个具体问题，而不是处理一般性问题或多个问题。

___ 3. 我倾向于把一个问题分解成我能解决的许多小问题，而不是从整体角度看待问题。

思维风格

___ 4. 我喜欢为我正在做的项目收集详细或具体的信息。

___ 5. 我喜欢需要注意细节的问题。

___ 6. 我更关注一项任务的各个部分,不太关注其整体效果或意义。

___ 7. 在针对一个主题进行讨论或写作时,我认为细节和事实比整体更重要。

___ 8. 我喜欢记忆那些没有任何特别内容的事实和零散信息。

**解读得分**

评估你自己的得分,方法是,你把自己写下的 8 个分数加起来,然后除以 8。进行除法计算,保留一位小数。你现在应该算出了一个介于 1.0 和 7.0 之间的得分。得分被分为六个等级,视你的身份和性别而定。这六个等级如下所示。

非在校成年人

| 类别 | 男性 | 女性 |
| --- | --- | --- |
| 非常高 (前 1%~10%) | 5.1~7.0 | 5.1~7.0 |
| 高 (前 11%~25%) | 4.4~5.0 | 4.4~5.0 |
| 中高 (前 26%~50%) | 3.9~4.3 | 3.8~4.3 |
| 中低 (前 51%~75%) | 3.6~3.8 | 3.4~3.7 |
| 低 (前 76%~90%) | 3.4~3.5 | 3.0~3.3 |
| 非常低 (前 91%~100%) | 1.0~3.3 | 1.0~2.9 |

在校大学生

| 类别 | 男性 | 女性 |
| --- | --- | --- |
| 非常高 (前 1%~10%) | 4.9~7.0 | 4.5~7.0 |
| 高 (前 11%~25%) | 4.4~4.8 | 4.3~4.4 |
| 中高 (前 26%~50%) | 3.8~4.3 | 4.0~4.2 |
| 中低 (前 51%~75%) | 3.2~3.7 | 3.5~3.9 |
| 低 (前 76%~90%) | 2.8~3.1 | 2.9~3.4 |
| 非常低 (前 91%~100%) | 1.0~2.7 | 1.0~2.8 |

如果你的得分属于"非常高"等级,那表明你具有局部型风格者的全部或几乎全部特征。如果你的得分属于"高"等级,那表明你具有局部型风格者的许多特征。如果你的得分属于"中高"等级,那表明你具有局部型风格者的一些特征。如果你的得分属于最下面的三个等级,那表明你不倾向于局部型风格。但是要记住,你在多大程度上倾向于局部型风格,可能会因任务、情境和人生阶段的不同而异。

作为一名大学教授,我指导学生做科研。我试着帮助学生们选择研究课题,找到对他们来说既有趣又有意义的研究课题。几年前,有一个对做研究有兴趣的大四学生来找我。我问她对什么研究感兴趣。她说:"儿童发展。"我接着问:"儿童发展的什么方面?"她回答说:"儿童发展的所有方面。""关于儿童发展,你是否觉得某个方面特别有趣?"我问。"我觉得儿童发展的所有方面都很有趣。"她回答道。我们的谈话就是这样进行的。对于大一学生来说,这种对话也许是可以理解的。但对于一个即将从心理学专业毕业的大四学生来说,这样的谈话是令人惊讶的。她完全拒绝选定并专注于自己感兴趣的具体研究课题。

当然,我也有过相反的经历。几年前,我向政府机构提交的一份报告被退回了。在这份被退回的报告中,有一个简短说明(出自一个我从未听说过的人之笔),我记得,这个说明解释了报告被退回的原因:我的报告页边距为 7/8 英寸,而政府规定要求页边距为 1 英寸。[①]问我能否把页边距设置正确,重新提交报告。我按照这个要求做了,但我发现自己想知道这个不知名的人

---

① 1英寸约合 2.54 厘米。——译者注

是谁，这个人坐在一个政府机构的小格子间里，手里拿着一把尺子，测量着提交的文件的页边距。

这两个人，心理学专业的大四学生和政府机构的小官员，分别是全局型风格和局部型风格的极端例子。局部型风格的人喜欢处理细节，全局型风格的人喜欢关注全局。正如政府在多个水平（例如联邦、州或省、县、市等）上行使其功能，人们的思维风格也是如此。虽然全局型风格和局部型风格通常被视为同一连续体的两端，但它们不一定是以这种方式表现出来的。大多数人倾向于更具全局型风格或者更具局部型风格：他们要么更关注全局，要么更关注细节。但有些人能两者兼顾：他们能够同等程度地既关注全局又关注细节。而且，这些人对全局和局部两个方面都非常关注，比其他人对全局或者局部任一方的关注更多。其他人可能是更具全局型风格或者更具局部型风格的，但在不同领域表现出不同的风格倾向。因此，根据我们的经验，虽然这两种风格通常是被相互对比的，但它们不一定是这样的。

全局型风格的人喜欢处理相对较大并且通常是抽象的问题。他们倾向于只见森林而不见树木。他们需要注意的是，脚踏实地，不要迷失在狂喜状态。对儿童发展感兴趣的那个学生，虽然我和她讨论了相当长的时间，但她仍然无法确定她的潜在研究兴趣，以至于我们无法提出任何具体的假设。她坚持说她关注儿童发展水平上的所有问题，这作为一种兴趣是可以接受的，但这本身无助于我们提出可验证的研究假设。

局部型风格的人喜欢处理细节，有时是微小的细节，通常是围绕具体问题的细节。他们倾向于只见树木而不见森林。他们需要注意的是，看到整个森林，而不仅仅是森林中的单个树木。政府机构的那个小官员很可能是具有局部型风格的，至少在他的工作中是这样。通过检查提交到特定机构的那些文件的页边距以及其他细枝末节的问题，他就可以心安理得地领取薪水。

尽管大多数人倾向于在工作中更注重全局或者更注重局部，但在许多情况下，成功解决问题的关键是，能够在不同层面之间切换。如果一个人倾向于在工作中更注重某个层面的问题，通常很有帮助的方法是，与更注重另一个层面的问题的人合作。在研究工作中，我是个更具全局型风格的人，我最喜欢的莫过于，与更具局部型风格的人合作，他们会关注我经常忽略的细节。我们通常会最看重与自己最相似的那些人，但在合作中，我们往往会从在信息处理层次上与我们略有不同的人那里获益最多。太多的重叠会导致某些层面的工作被忽视。例如，如果两个人都具有全局型风格，他们可能在形成想法方面做得很好，但是在形成概念或实施这些想法过程中，需要有人注意细节。如果两个人都具有局部型风格，他们可能会相互帮助，实现具体目标，但需要有人首先确定下来需要解决的全局性问题。

如果两个人都接近极端——一个人具有极端的全局型风格，另一个人具有极端的局部型风格——他们可能会发现彼此合不来，很难在一起共事，不是因为他们不需要对方，而是因为他们不能很好地沟通。他们可能无法很好地理解对方关注的问题。

在职业生涯的早期阶段，一个人在工作中主要靠自己，若是不会在信息处理的不同层次之间切换，这个人就可能被淘汰。在职业生涯的后期，当一个人有了下属，那就可以把自己不喜欢关注的层面的工作委派给下属。

在我自己的职业生涯中，随着时间的推移，我会更多地把需要注重局部层面的工作委派给下属，因为我是个更具全局型风格的人。在我职业生涯的早期，我不可能把这些工作委派给任何人，所以我必须自己能够兼顾不同层面的工作。一般来说，在工作中的责任越大，就需要越注重全局层面的工作。有些人因为在局部层面的工作做得好而被提拔，但是升职后的工作却不顺利，因为工作任务转变了，需要越来越注重全局。不幸的是，全局型风格的人可能已经被淘汰了，因为在职业生涯的早期，他们不能把所需完成的局部层面的工作做好。当然，升职不一定意味着要承担更多的全局层面的工作，例如被提拔到管理岗位的研究人员，往往发现自己面临着完全相反的挑战：如何从管好自己的实验室，转向处理无比烦琐的行政管理细节。

## 思维风格的范围：内倾型和外倾型风格

阅读关于内倾型风格和外倾型风格的讨论之前，请先做一下自评量表4.3和4.4，然后给自己评分。

### 自评量表4.3　斯滕伯格-瓦格纳内倾型思维风格自评量表

阅读以下每一个陈述句，然后用7点量表评分，每个分数对应于这个陈述句在多大程度上符合你的情况：1＝完全不符合；2＝相当不符合；3＝比较不符合；4＝说不清；5＝比较符合；6＝相当符合；7＝完全符合。

___ 1. 我喜欢控制一个项目的所有阶段，而不必征求别人的意见。

____ 2. 在试图做出一个决定时，我是依靠自己对情境的判断。

____ 3. 我喜欢的情境是，无须依赖他人，我就可以实现自己的想法。

____ 4. 在讨论或写下想法时，我只喜欢用自己的想法。

____ 5. 我喜欢我能独立完成的项目。

____ 6. 我喜欢通过阅读报告或有关资料，以获取我需要的信息，我不喜欢向他人请教。

____ 7. 当我遇到问题时，我喜欢自己解决。

____ 8. 我喜欢独自完成一项任务或解决一个问题。

## 解读得分

评估你自己的得分，方法是，你把自己写下的 8 个分数加起来，然后除以 8。进行除法计算，保留一位小数。你现在应该算出了一个介于 1.0 和 7.0 之间的得分。得分被分为六个等级，视你的身份和性别而定。这六个等级如下所示。

|  | | 非在校成年人 | |
| --- | --- | --- | --- |
|  | 类别 | 男性 | 女性 |
| 非常高 | （前 1%～10%） | 6.1～7.0 | 6.1～7.0 |
| 高 | （前 11%～25%） | 5.4～6.0 | 5.2～6.0 |
| 中高 | （前 26%～50%） | 4.8～5.3 | 4.2～5.1 |
| 中低 | （前 51%～75%） | 3.8～4.7 | 3.3～4.1 |
| 低 | （前 76%～90%） | 3.4～3.7 | 2.5～3.2 |
| 非常低 | （前 91%～100%） | 1.0～3.3 | 1.0～2.4 |

## 思维风格

| 类别 | 在校大学生 男性 | 在校大学生 女性 |
|---|---|---|
| 非常高（前1%~10%） | 5.3~7.0 | 5.0~7.0 |
| 高（前11%~25%） | 4.5~5.2 | 4.5~4.9 |
| 中高（前26%~50%） | 3.9~4.4 | 4.0~4.4 |
| 中低（前51%~75%） | 3.1~3.8 | 3.5~3.9 |
| 低（前76%~90%） | 2.8~3.0 | 3.0~3.4 |
| 非常低（前91%~100%） | 1.0~2.7 | 1.0~2.9 |

如果你的得分属于"非常高"等级，那表明你具有内倾型风格者的全部或几乎全部特征。如果你的得分属于"高"等级，那表明你具有内倾型风格者的许多特征。如果你的得分属于"中高"等级，那表明你具有内倾型风格者的一些特征。如果你的得分属于最下面的三个等级，那表明你不倾向于内倾型风格。但是要记住，你在多大程度上倾向于内倾型风格，可能会因任务、情境和人生阶段的不同而异。

### 自评量表4.4 斯滕伯格–瓦格纳外倾型思维风格自评量表

阅读以下每一个陈述句，然后用7点量表评分，每个分数对应于这个陈述句在多大程度上符合你的情况：1 = 完全不符合；2 = 相当不符合；3 = 比较不符合；4 = 说不清；5 = 比较符合；6 = 相当符合；7 = 完全符合。

___ 1. 在开始一项任务时，我喜欢和朋友或同伴一起讨论，集思广益。

___ 2. 如果我需要更多的信息，我喜欢向他人请教，而不是独自阅读有关资料。

___ 3. 我喜欢参加的活动是，在活动中，我可以作为团队的一员与他人互动。

___ 4. 我喜欢能与他人合作的项目。

___ 5. 我喜欢可以与他人互动、大家一起工作的情境。

___ 6. 在讨论或报告中，我喜欢将自己的想法与其他人的想法结合起来。

___ 7. 在做一个项目的时候，我喜欢分享想法，并听取别人的意见。

___ 8. 在做出一个决定时，我会尽量考虑别人的意见。

## 解读得分

评估你自己的得分，方法是，你把自己写下的8个分数加起来，然后除以8。进行除法计算，保留一位小数。你现在应该算出了一个介于1.0和7.0之间的得分。得分被分为六个等级，视你的身份和性别而定。这六个等级如下所示。

|  | 非在校成年人 | | |
| --- | --- | --- | --- |
|  | 类别 | 男性 | 女性 |
| 非常高 | （前1%~10%） | 6.1~7.0 | 6.1~7.0 |
| 高 | （前11%~25%） | 5.7~6.0 | 5.7~6.0 |
| 中高 | （前26%~50%） | 5.0~5.6 | 4.8~5.6 |
| 中低 | （前51%~75%） | 4.0~4.9 | 4.1~4.7 |
| 低 | （前76%~90%） | 3.2~3.9 | 3.0~4.0 |
| 非常低 | （前91%~100%） | 1.0~3.1 | 1.0~2.9 |

## 思维风格

|  | 类别 | 在校大学生 男性 | 在校大学生 女性 |
| --- | --- | --- | --- |
| 非常高 | （前1%~10%） | 6.2~7.0 | 6.0~7.0 |
| 高 | （前11%~25%） | 5.6~6.1 | 5.6~5.9 |
| 中高 | （前26%~50%） | 5.1~5.5 | 4.9~5.5 |
| 中低 | （前51%~75%） | 4.1~5.0 | 4.0~4.8 |
| 低 | （前76%~90%） | 3.8~4.0 | 2.8~3.9 |
| 非常低 | （前91%~100%） | 1.0~3.7 | 1.0~2.7 |

如果你的得分属于"非常高"等级，那表明你具有外倾型风格者的全部或几乎全部特征。如果你的得分属于"高"等级，那表明你具有外倾型风格者的许多特征。如果你的得分属于"中高"等级，那表明你具有外倾型风格者的一些特征。如果你的得分属于最下面的三个等级，那表明你不倾向于外倾型风格。但是要记住，你在多大程度上倾向于外倾型风格，可能会因任务、情境和人生阶段的不同而异。

政府既需要处理内部或国内事务，也需要处理外部或国际事务。同样，心理自我管理者也需要处理内部和外部问题，正如人们在日常生活和工作中发现的那样。

海伦是一位电信设备销售人员，她的销售业绩比其他销售人员的好很多。在销售新人看来，她的电信设备销售记录似乎是惊人的。这些销售新人常常认为，海伦有某种优势——联系人或者特别热心的客户名单。事实上，她确实有优势，但这并不是什么秘密。海伦把她与客户的关系放在第一位，把她销售的特定产品放在第二位。通过这种方式，她实际上获得了与客户的更多联系。她把自己与客户的关系放在第一位，这意味着，她先倾听客户的需求，然后再向他们推销任何东西，她有时会卖给客户一款比较便宜的电信设备,或者如果她能向客户展示如何更好地利用已有设备,她就不建议客户购买新设备。对大多数销售人员来说,她的策略似乎适得其反,她会因为卖给客户比较便宜的电信设备而只能得到较少的提成,她会因为向客户展示如何利用已有设备而导致销量下降。她所获得的是,大量的回头客,他们总是从她那里购买电信设备。多年来,客户忠诚度给她带来了回报,她能够建立起更大的稳定的客户群,这是她的任何竞争对手都比不过的。

　　罗恩是海伦的竞争对手之一。罗恩甚至比海伦更了解电信设备,并且对它们更感兴趣。他的理想是为这些设备设计软件,而不是销售它们,但是他没有接受过软件设计方面的培训,他只能在现有条件的基础上尽最大努力,他的目标是最终进入软件设计领域。尽管他很了解电信设备,但是他售出的设备数量却不如海伦的多。原因在于:他把设备而不是客户放在第一位。他对设备很感兴趣,这种兴趣使他能够吸引一些客户,但是因为他对与客户互动不太感兴趣,所以他会失去很多客户。

　　内倾型风格的人往往比较内向,以任务为导向,有时比较冷漠,在社交方面也不如其他人敏感。有时,他们也缺乏人际觉察,即使仅仅是因为他们不关注这方面的问题。相比之下,外倾型风格的人往往更外向,爱交际,以人际为导向,社交上更敏感,有更好的人际觉察能力。

　　有些人喜欢独自工作,独自探索事物和思想的世界。还有一些人喜欢和别人一起工作,喜欢和人打交道。同样,大多数人并不是仅具有一种风格或另一种风格,而是具有介于两者之间的风格,这取决于具体的任务和情境。在教育和就业方面,聪明的人，如果被迫以与自己的风格不匹配的方式工作，其工作表现就可能会低于其实际能力。

在管理方面，人们有时会把以任务为导向的经理与以人际为导向的经理相区别。[1]这种区别类似于内倾型风格者与外倾型风格者之间的区别。在学校教育中，我们有时发现，有些学生喜欢独自学习，另一些学生则喜欢小组合作学习。传统上，我们的教育制度往往有利于那些至少有点外向的内倾型风格者。事实上，在学校的许多场合，比如在大多数考试中，合作学习被认为是作弊。现如今，在学校教育中，随着小组合作学习日益受到重视，钟摆开始向相反的方向摆动。教育工作者似乎不愿意接受这样一个事实，即没有一种最好的教学方法，学生们需要各种教学方法，包括个人单独学习和小组合作学习。

尽管在许多学校的环境中，个人表现是最受重视的，但是从学校毕业之后，人们的大多数工作是在与人合作中完成的。不幸的是，许多人没有这方面的经验或者没受过指导，不知道如何在团队中工作。这种不平衡可能是令人遗憾的，一个团队在工作中表现欠佳，可能不是由于团队中的个人能力不佳，而是由于团队中人与人互动质量较低。[2]

## 思维风格的倾向：自由型和保守型风格

在继续阅读之前，请先做一下自评量表4.5和4.6。

### 自评量表4.5　斯滕伯格-瓦格纳自由型思维风格自评量表

阅读以下每一个陈述句，然后用7点量表评分，每个分数对应于这个陈述句在多大程度上符合你的情况：1 = 完全不符合；2 = 相当不符合；3 = 比较不符合；4 = 说不清；5 = 比较符合；6 = 相当符合；7 = 完全符合。

—— 1. 我喜欢从事允许我尝试新的做事方法的工作。

—— 2. 我喜欢那种允许我尝试新的做事方法的情境。

—— 3. 我喜欢改变常规，以改进完成任务的方式。

—— 4. 我喜欢挑战旧的思想或做事方式，并寻求更好的想法或做事方式。

—— 5. 当我面对一个问题时，我喜欢尝试用新的策略或方法来解决它。

—— 6. 我喜欢那种能允许我从新的角度看待问题的项目。

—— 7. 我喜欢发现旧问题并找到新的方法来解决之。

—— 8. 我喜欢用那种以前从未被他人使用过的新方法做事。

**解读得分**

评估你自己的得分，方法是，你把自己写下的 8 个分数加起来，然后除以 8。进行除法计算，保留一位小数。你现在应该算出了一个介于 1.0 和 7.0 之间的得分。得分被分为六个等级，视你的身份和性别而定。这六个等级如下所示。

|  | 类别 | 非在校成年人 男性 | 女性 |
| --- | --- | --- | --- |
| 非常高 | （前 1%～10%） | 6.6～7.0 | 6.5～7.0 |
| 高 | （前 11%～25%） | 6.0～6.5 | 6.1～6.4 |
| 中高 | （前 26%～50%） | 5.5～5.9 | 5.4～6.0 |
| 中低 | （前 51%～75%） | 4.9～5.4 | 4.5～5.3 |
| 低 | （前 76%～90%） | 4.1～4.8 | 3.3～4.4 |
| 非常低 | （前 91%～100%） | 1.0～4.0 | 1.0～3.2 |

## 思维风格

|  | 类别 | 在校大学生 男性 | 在校大学生 女性 |
|---|---|---|---|
| 非常高 | （前1%～10%） | 6.3～7.0 | 6.0～7.0 |
| 高 | （前11%～25%） | 5.6～6.2 | 5.8～5.9 |
| 中高 | （前26%～50%） | 5.0～5.5 | 5.0～5.7 |
| 中低 | （前51%～75%） | 4.1～4.9 | 4.2～4.9 |
| 低 | （前76%～90%） | 3.6～4.0 | 3.8～4.1 |
| 非常低 | （前91%～100%） | 1.0～3.5 | 1.0～3.7 |

如果你的得分属于"非常高"等级，那表明你具有自由型风格者的全部或几乎全部特征。如果你的得分属于"高"等级，那表明你具有自由型风格者的许多特征。如果你的得分属于"中高"等级，那表明你具有自由型风格者的一些特征。如果你的得分属于最下面的三个等级，那表明你不倾向于自由型风格。但是要记住，你在多大程度上倾向于自由型风格，可能会因任务、情境和人生阶段的不同而异。

### 自评量表4.6　斯滕伯格-瓦格纳保守型思维风格自评量表

阅读以下每一个陈述句，然后用7点量表评分，每个分数对应于这个陈述句在多大程度上符合你的情况：1 = 完全不符合；2 = 相当不符合；3 = 比较不符合；4 = 说不清；5 = 比较符合；6 = 相当符合；7 = 完全符合。

___ 1. 我喜欢因循守旧，依照以前用过的方式做事。

___ 2. 当我负责某件事的时候，我喜欢沿用过去曾用过的方法和思想。

___ 3. 我喜欢那种遵循固定的规则就能做完的任务和问题。

___ 4. 当我用惯常的方式做事时，我不喜欢在这个过程中出现新的问题。

—— 5. 我坚持按标准规则或方式做事。

—— 6. 我喜欢那种能按固定程序做事的情境。

—— 7. 当我面对一个问题时，我喜欢用传统的方法来解决它。

—— 8. 我喜欢那种我可以扮演一个传统角色的情境。

**解读得分**

评估你自己的得分，方法是，你把自己写下的8个分数加起来，然后除以8。进行除法计算，保留一位小数。你现在应该算出了一个介于1.0和7.0之间的得分。得分被分为六个等级，视你的身份和性别而定。这六个等级如下所示。

非在校成年人

| 类别 | 男性 | 女性 |
| --- | --- | --- |
| 非常高（前1%～10%） | 5.4～7.0 | 5.1～7.0 |
| 高（前11%～25%） | 4.6～5.3 | 4.4～5.0 |
| 中高（前26%～50%） | 3.8～4.5 | 3.4～4.3 |
| 中低（前51%～75%） | 3.1～3.7 | 2.9～3.3 |
| 低（前76%～90%） | 2.2～3.0 | 2.2～2.8 |
| 非常低（前91%～100%） | 1.0～2.1 | 1.0～2.1 |

在校大学生

| 类别 | 男性 | 女性 |
| --- | --- | --- |
| 非常高（前1%～10%） | 4.8～7.0 | 4.8～7.0 |
| 高（前11%～25%） | 4.2～4.7 | 4.4～4.7 |
| 中高（前26%～50%） | 3.9～4.1 | 3.8～4.3 |
| 中低（前51%～75%） | 3.1～3.8 | 3.2～3.7 |
| 低（前76%～90%） | 2.4～3.0 | 2.8～3.1 |
| 非常低（前91%～100%） | 1.0～2.3 | 1.0～2.7 |

## 思维风格

如果你的得分属于"非常高"等级，那表明你具有保守型风格者的全部或几乎全部特征。如果你的得分属于"高"等级，那表明你具有保守型风格者的许多特征。如果你的得分属于"中高"等级，那表明你具有保守型风格者的一些特征。如果你的得分属于最下面的三个等级，那表明你不倾向于保守型风格。但是要记住，你在多大程度上倾向于保守型风格，可能会因任务、情境和人生阶段的不同而异。

自由型风格的人喜欢超越现有的规则和程序，寻求最大限度的改变。他们也寻求或者至少不抵触那种模棱两可的情况，喜欢有些不熟悉的生活和工作。保守型风格的人喜欢遵守现有的规则和程序，尽量减少变化，尽可能避免模棱两可的情况，更喜欢熟悉的生活和工作。

我们最熟悉并且最喜欢思维风格与我们自己的相一致的那些人。作为一个具有自由型风格的人，我最喜欢的就是想推翻现有体系的那些同事。因此，就我所在的研究领域来说，有些研究人员认为智力测试业务是误入歧途的，并且相信新的、更好的测试即将到来，我最喜欢和这样的研究人员交往。还有一些同样优秀的研究人员，他们进行了认真的科学研究，并且或多或少地主张维持现状。我觉得他们很烦人——难道他们看不出这个领域需要新想法吗？但重要的是，要认识到，我对智力领域的反应，不仅反映了我对智力领域的任何理性思考，同样反映了我的风格。我之所以知道这一点，是因为无论我进入什么领域，我都会有相同的反应：我总是觉得这个领域需要进行重大的革新。我也认识一些与我不同的人，他们似乎对任何领域的现状都很满意，无论他们进入什么领域。

重要的是，我们应该把风格倾向和政治倾向区分开来。它们是不一样的，事实上，即使有相关性，它们也只可能有非常弱的相关性。纽特·金里奇，目前是他作为美国国会众议院议长的第二个任期，他恪守保守主义政治哲学，但他的个人风格绝对是自由型的：无论是在他的个人生活中，还是在他的职业生涯中，他总是在测试做事方法的界限——不管是在政治行动委员会、图书版税方面，还是就如何诠释他作为议长的职责而言。在1996年和1997年，他非常不受欢迎，部分原因可能在于他的个人风格和政治观点之间的明显对比。同样，代表某些劳工利益的老派新政民主党人，可能恪守一种自由主义的政治哲学，但却具有一种保守型风格。

我们已经讨论了思维风格的本质和一些类型，我们将在第二部分讨论这些思维风格所基于的原则。

# 第二部分

# 思维风格的原则与发展

# 第 5 章
# 思维风格的原则

我写这本书,是因为我知道我喜欢写书,而且我认为我有话要说。我已经写作或编辑了大约 50 本书,所以可以肯定地说,写书是我所喜欢的使用自己能力的一种方式。还有一些心理学家从来没有写过书,他们不愿意写书。我喜欢写书,他们不喜欢写书,这并不意味着我写的是好书,或者他们写不出好书。这一事实引出了我们的第一个要点,在我们进一步探讨之前,你需要了解关于思维风格的 15 个要点。这些要点将作为本书其余大部分内容的基础,本书后半部分将会多次提及它们。

这些要点适用于我自己的理论,也适用于许多其他理论。与其他领域一样,在这个领域,理论家们之间也存在着真诚的分歧。因此,我不能声称,在这个领域,每个人都会赞成我所提出的每一个要点。

**1. 思维风格是个体在使用能力方面的偏好,而不是能力本身。**如果思维风格和能力之间没有区别,我们就根本不需要思维风格这个概念：它与能力的概念是重复的。事实上，当人们发现某种思维风格与能力没有区别时，就不会将之作为思维风格来考虑。

这种区别是重要的。和我一起工作的研究人员当中，有些人具有某种思维风格，从而想要从事创造性的工作，但他们的创造力并不是很好。他们是很有挫败感的研究人员，就像那些想当医生但是晕血的人，因为实现不了自己的职业目标而感到沮丧。

例如，玛丽来我们的研究小组工作，推荐人给了她很高的评价，认为她很有热情和兴趣从事心理学和教育学方面的研究。在做研究方面，她有热情和兴趣，没有人质疑这一点。但是有一个问题：玛丽的能力与她的风格不匹配。玛丽喜欢从事创造性的工作，但她确实没有足够的创造力把它做好。和其他能力一样，创造力是可以改变的，但即使有改进的可能，玛丽还是有很长的路要走。[1] 玛丽最终离开了我们的研究小组，她去从事另一项工作，并且干得不错。如今，她经营一家小公司。有些人可能认为这是一种失败——玛丽没有成功地从研究生院毕业。我认为这是一种成功——她找到了与自己的思维风格更匹配的工作。

我们也见过与玛丽的情境正好相反的例子——有一个学生，他有创造力，但没有与之匹配的思维风格。丹在大学时期就开始做研究，并且发表过论文，当他升入研究生院时，每个人都对他寄予厚望，他自己也满怀信心。在做研究方面，他有很多好想法。但是有一个问题：他不喜欢去创新。特别是，创新的人需要承担风险，他不想承担那种风险。[2] 如第1章中提到的亚历克斯，丹更喜欢的情况是，由别人提出问题，他来解决。后来，丹成为一流的咨询师，与企业合作，帮助企业解决问题。

总之，我们需要仔细区分风格和能力，并认识到，人们的风格与能力可能相匹配或者不相匹配，这就引出了我们的下一个要点。

**2. 思维风格和能力之间的匹配会产生协同效应，整体大于各部分之和。** 起初，玛丽和丹是风格和能力不相匹配的典型，喜欢做的事情和做得好的事情之间的差异，使他们感到沮丧。后来，他们两个人都找到了适合自己的职业。成熟的标志之一就是，你不仅考虑到自己想成为什么样的人，也会考虑到自己实际上能成为什么样的人。玛丽和丹都找到了适合自己的职业，兼顾自己的思维风格和才能。但是并非每个人都会如此。

与有创造力但是喜欢从事分析工作的人相比，或者与有分析能力但是喜欢从事创造性工作的人相比，创造力强但是分析能力弱的人如果喜欢从事创造性工作，或者分析能力强但是创造力弱的人如果喜欢从事分析工作，那显然会更有优势。我们应该了解自己的思维风格，因为思维风格和能力一样重要，关乎我们所做的工作的质量，以及我们的工作乐趣。

何塞是一个成功的软件设计师，供职于一家专门从事技术研发的公司。尽管如此，他仍然感到工作不如意。一方面，他有真本事，在新软件的开发上，有很好的想法。另一方面，他真正想做的是管理，而不是设计。他的职业目标不是当一名软件设计师，而是当一名高管——主管软件设计师的人。对何塞来说，软件设计只是达到目的的一种手段，他的目的是进入管理层。

最终，何塞被提拔到管理层。他很兴奋，因为他把这次升职看作他真正感兴趣的职业生涯的开始。五年后，他仍然在管理层,等待进入升职的快速通道。问题在于,何塞不是个特别好的管理者。他有点杂乱无章,思维随意发散,太喜欢独处了,对下属不够关心,所以他的下属也不想为他出力。这些特点有助于他在软件设计方面取得成功,但是不利于他在管理工作中取得成功。作为一名软件设计师,他处于升职的快速通道上,被提拔到管理层之后,他就步入了升职的缓慢通道——确切地说,是非常缓慢的通道。

与玛丽和丹不同,何塞从来没有考虑过自己喜欢做的事情和做得好的事情之间的不匹配。思维风格和能力的不匹配,导致他很有挫败感,无论是作为软件设计师,还是作为管理者。不幸的是,何塞从来没有把自己的问题看成是,他喜欢做的事情和他做得好的事情不匹配。相反,他认为问题在于,顽固的高管们试图阻碍他的职业发展。因此,他总是对自己的生活状况不满意。

**3. 人生选择不仅需要符合能力,也需要符合思维风格。** 每一代大学生都有其首选的职业路径。在1972年,我大学毕业的那一年,没有人会怀疑,律师是一个很受尊敬的职业。据说,在耶鲁大学,与我同届的毕业生中,有一半以上的人进入法学院深造。在那个年代,律师职业被认为是将威望、挑战性和收入最好地结合起来的职业,可能还会(但不一定)让从业者感到兴奋。

我去参加大学同学毕业15年聚会,很多同学都成了律师。其中有公司律师、诉讼律师、出版律师,甚至还有一些公益律师。然而,真正令人印象深刻的,不是有多少同学成了律师,而是他们当中有多少人对自己的职业生涯不满意。在不快乐的律师当中,有很多人之所以选择这个职业,不是因为它与自己的思维风格或能力相匹配,而是因为它在那时被视为通往富裕之路。这种缺乏反省性的选择的结果是，对自己的职业生涯不满意，并且会持续一辈子。

显然，他们的状况不是最糟糕的。几乎无一例外，他们的收入都很高。高薪让他们过上了优越的生活，也让他们陷入了自己并不感兴趣的职业之中。他们现在需要高薪来维持他们的生活方式。即使转行到一个不同的、可能更有趣的职业，也往往意味着大幅减薪，这似乎是他们都不喜欢的。

关键不在于，律师职业有什么特别不好。原则上，它并不比任何其他职业更好或更差。关键在于，有些人选择从事某个职业，并不是因为这个职业与自己的思维风格和能力相匹配，而是因为迫于社会或他们的父母或超我的压力，其结果就是，他们往往会不快乐和没有成就感。相比之下，有些人选择与自己的思维风格和能力相匹配的职业，他们很可能在职业满意度方面接近或达到最高水平。

并不是说，选择高薪工作的人都会不快乐。在高薪阶层，有些人对自己的职业生涯很满意，他们都有一个共同点，他们选择最适合自己的职业，对所从事的工作真正感兴趣，而不仅仅是为了获得高薪。

我的许多同学在选择职业时所感受到的那种压力，我能够理解。我母亲想让我上法学院。而我的选择是，攻读心理学博士学位，这让她有点失望。当我毕业时，她指出，罗格斯大学时任校长既有心理学学位，又有法律学位，如果一个人拥有这两个学位，那就可能干一番大事。我告诉她，我对法律不感兴趣。然后，当我在耶鲁大学获得终身教职的时候，她指出，我现在已经证明自己可以做心理学方面的工作了，我应该开始思考我的未来：现在上法学院还为时不晚。"不，谢谢。"我告诉她。

我认为，我母亲当时只是半认真地对我那么说，但很多父母是百分之百地认真。在我教过的学生当中，有很多学生之所以选择某个职业，不是因为他们想从事那方面的工作，而是因为他们感受到来自父母、同龄人或社会的压力。他们可能会在工作中表现不错，但是他们可能不会脱颖而出，甚至不会特别喜欢自己所从事的工作，因为在选择职业的时候，他们只考虑到社会压力，没有考虑到与自己的思维风格相匹配。

不仅在职业选择方面，在配偶的选择方面，双方的风格也可能匹配得更好或更差。一对夫妻，一方可能是个超级有条理的人，特别喜欢整理和收纳，需要把所有东西都放回原位，另一方则会把东西摆得到处都是，如果它们被挪动或以其他方式摆放，就无法找到它们，你有没有见过这样的夫妻？或者一对夫妻，一方是个特别合群的人，喜欢与人相处，另一方则几乎总是喜欢独处，你是否见过或经历过这样的不幸？如果你的风格与你的人生选择不匹配，你会付出代价，别人通常也会付出代价。

**4. 每个人都会有多种思维风格的组合（或模式），而不是仅有单一的思维风格。** 人们不是只有单一的思维风格，而是有多种思维风格的组合。一个喜欢从事创造性工作的人，可能是超级有条理的或完全杂乱无章的，可能是喜欢独处的或者喜欢与人合作的。同样，一个做事有条理的人，可能喜欢独处也可能喜欢和别人在一起。思维风格不是单维度的，正如能力不是单维度的一样。人们各不相同，表现在各种各样的方面。

我们有一种倾向，喜欢从单一维度看待事物。也许这是从童年早期思维方式遗留下来的，我们有时会表现出集中化——只注意事物的单一维度，忽视其他维度。如果你把水从一个高而细的杯子倒进一个矮而粗的杯子里，一个 7 岁的孩子会相信，原来的那个杯子里的水更多，因为它更高。孩子只注意杯子的高矮这个维度，忽视了粗细这个维度。当我们从单一维度评价人的时候，我们的思维方式和孩子的差不多。例如，人们往往喜欢从单一维度评价别人，"好"或"坏"，"主动"或"被动"，而不是看到他们所有的复杂性。

我们也倾向于有相关性错觉。[3] 我们得出结论，具有某种特征的人，也会同时具有另外一种特征。例如，我们可能会假设，政治上的保守主义者，在管教孩子方面更严厉，因为保守主义价值观似乎与严厉相关联。这种关联可能存在，也可能不存在，但当我们假设它存在时，我们基本上陷入了单一维度陷阱，将两个维度降为一个维度。

在思维风格方面，人们往往也会犯同样的错误。例如，他们可能会假设，有创造力的人一定是不爱整洁的（或者爱整洁的），因为有创造力的人应该是不爱整洁的（或者爱整洁的）。或者，他们可能会假设，具有全局型思维风格的人是不务实的，因为他们是与现实脱节的。同样，危险在于，两个不同的维度被降为一个维度，我们没有意识到，人们是有多个维度的，在思维风格方面以及在其他各个方面都是如此。

**5. 思维风格会因任务和情境而异**。我喜欢从事创造性的工作，在生活中的许多方面，我喜欢创造性活动，但不是在所有方面。在厨房做饭时，我喜欢听人指挥。因此，在工作中，我的思维风格与比尔的相似（第 1 章中提到的），在厨房做饭时，我的思维风格与亚历克斯的相似。和其他人一样，我在一项任务中（比如我的工作）表现出的思维风格可能与我在另一项任务中（比如做饭）表现出的思维风格大不相同。

　　有一天早上，我在安装一套音响系统，并严格按照说明操作。而我的儿子则从不注意安装说明：对于他来说，购买音响设备或者其他任何需要组装或安装的设备，其中一部分乐趣就是，自己想办法把它搞定。而我则不然，我最希望的就是，有人替我把它安装好。然而，在心理学领域，我喜欢有挑战性的工作，自己提出问题并想办法解决问题。这本书就是我在这方面的一个尝试：提出一种新理论和新的测量方法，用以理解和评估思维风格。

　　思维风格不仅因任务而异，也因情境而异。前往一个新的目的地的时候，如果天气晴朗，你可能喜欢自己探寻路线，并利用这个机会观赏一下沿途的风景。但是如果有暴风雨或者天气寒冷，你可能只想迅速到达目的地，最希望有人给你指出一条最短和最快的路线。同样，如果你和你喜欢的人一起旅行，你可能就会愿意甚至渴望在寻找目的地的过程中多绕道，但是如果你和你讨厌的人一起旅行，你可能最希望有人告诉你去往目的地的最短路线。

　　**6. 人们的思维风格不同，偏好强度也各不相同。**有些人特别偏好与人合作，而另一些人则略有偏好——他们可以与人合作，也可以独自工作。与他人合作的机会，是职业选择的一个方面。

　　我从斯坦福大学获得博士学位，该校的心理学系多年来一直享有很高的声誉。但是在我读研期间，那里还有另一种名声，就是教师们之间缺乏合作，基本上是自己做自己的课题。在他们的研究所，教师们之间几乎没有合作。

　　当时，系里有两位这样的教师，他们的研究方向不同，他们都有与人合作的偏好，更愿意在研究工作中与他人合作。但对于其中一位教师来说，这种偏好是比较弱的，而对于另一位教师来说，这种偏好是强烈且普遍的。后一位教师最终辞去斯坦福大学教职，换了一份工作，虽然是在一个不太出名的单位，但是他将有机会与他人合作。他认为，他想要的工作条件是最重要的，单位的名气并不重要。他的与人合作的偏好是如此强烈，以至于他不愿意留在一个不鼓励这种偏好的地方。

人们的思维风格，不仅在偏好的强度方面存在差异，而且在偏好的普遍性方面也存在差异。例如，艾伦选择投身金融行业，在一家投资银行入职后，被安排在这家银行的地下办公室做股票预测，整天对着电脑工作。问题在于，艾伦之所以选择金融行业，一部分原因是，他喜欢那种工作方式，就是在决定股票推荐的时候，团队成员间进行的紧张并且通常是狂热的互动。如果可以选择，艾伦几乎总是喜欢与人合作，而不是独自工作。艾伦在做他喜欢的工作，但不是在他喜欢的条件下。他后来换了一份工作。

**7. 人们在思维风格上的灵活性各不相同。**在适应方面，如果有一个关键的话，那也许就是思维风格上的灵活性。我们并不是总能改变环境，没有人能一直生活在与自己的思维风格相匹配的环境中。人们在思维风格上越有灵活性，就越有可能适应各种情境。

弗雷德上小学三年级的时候，遇到了一位老师，这位老师教了一辈子书，还差一年就该退休了，她坚信有一种正确的教学方法，而且她知道那是什么方法。她采用极为僵化和专制的方法管理班级，奖励遵守规则的学生，同时惩罚不遵守规则的学生。弗雷德在班里是个"不遵守规则"的学生。因此，他经常受到老师的批评甚至嘲笑，班上其他的不遵守规则的学生也是如此。这位老师缺乏灵活性，凡是不适应她的教学方法的学生，都会被她视为问题儿童。

弗雷德可能遇到了太多这样的老师，他自己后来也变得同样缺乏灵活性。与第1章提到的本一样，弗雷德喜欢按自己的方式做事。但是在这方面，弗雷德绝对是处于一个极端。升入中学之后，由于他坚持按自己的方式做事，他经常与老师和父母发生冲突。弗雷德的父母试图教育他，在生活中，他不可能总是按自己的方式做事，他若能尽快获得一些灵活性，他就会更快乐。他需要知道什么是值得抗争的，在相对琐碎的程序问题上就不值得抗争，这些事情可以用这样或那样的方法来做，而不会有太大的区别。对于弗雷德来说，学会这一点并不容易。

在生活的几乎任何方面（在学校、在工作中、在与他人的亲密关系中，甚至在自己与自己的关系上），灵活性都是有价值的。想想看，如果老师能够使自己适应学生们的不同的思维风格，他们的教学效果会提高多少，或者在工作中，如果老板允许我们做自己，以对自己来说最有效的方式完成工作，那么我们的工作会有多容易，或者在人际关系中，如果某人和我们交往，是因为他们欣赏我们本人——欣赏我们喜欢的和不喜欢的，而不是想要我们按他们的希望做出改变，那么和这样的人在一起有多快乐。灵活性的优势是如此之大，人们不禁要问，在对孩子、学生和员工的教育中，我们为什么没有更多地强调灵活性。

**8. 思维风格是社会化的**。思维风格从何而来，它们是如何发展的？关于这个问题的答案，我们会在后面的章节详细讨论，但是在这里，我们要强调的是，社会化在思维风格发展中的作用。孩子们观察各种榜样，并且往往会开始内化他们观察到的榜样的很多特性。因此，观察到专制型榜样的孩子，就特别容易变得专制，观察到更灵活榜样的孩子，就可能会变得灵活。你自己来做榜样，这可能是鼓励某些风格（而不是其他风格）的发展的最好方法。

无论我们是父母、老师、导师还是雇主，我们树立某种思维风格榜样的努力，在传递这种思维风格方面，可能只会取得部分成功。

一方面，我们并不是我们的孩子或学生或员工观察到的唯一榜样。例如，孩子们会在媒体上看到数以千计的不现实且往往不良的榜样，我们很难与这些榜样竞争。

另一方面，每个人都有自己的个性。孩子们会成为什么样的人，是他们所处的环境和他们的天性之间的相互作用的结果。在我们的孩子所处的环境方面，我们是可以控制的，尽管通常只是在很小的程度上。然而在改变孩子们的天性方面，我们所能做的就更有限了。因此，我们只能尽力而为，并且意识到，我们所能做的，可能不足以把别人变成我们所希望的样子。

我们绝对需要认识到的一点是，身教的效果远胜于言传。如果我们想让我们的孩子、学生或员工创造性地表达自己，那么我们就必须给他们这样做的机会。如果我们告诉他们，我们重视他们的创造性思维，但是对于他们提出的每个想法，我们都持批评或先发制人的态度，那就起不到培养创造性思维的作用了。

有时，我会为一些老师、家长和企业管理者举办研讨会，他们都渴望鼓励开放式、探索性和创造性思维。在研讨会上，如果有人问我，他们应该做些什么来鼓励创造力，那就是一个不利迹象。他们想让我一步一步地、极为详细地告诉他们。他们的愿望之所以是一个不利迹象，是因为如果他们想要的是一个创造力的秘方，他们肯定是找不到的。此外，如果他们不知道自己该怎么做，想让别人告诉他们应该做些什么，那么他们就不太可能树立一个创造性风格的榜样，无论他们多么希望这样做。

最终，通过树立榜样，你就能有效地鼓励创造性思维。如果你不以身作则树立为榜样，你就很难鼓励创造性思维。

你也可以通过让别人（孩子、学生、员工等任何人）有机会运用某种思维风格，来鼓励这种思维风格。正因为如此，我会给学生们布置不同类型的作业。如果我希望他们在思维风格上具有灵活性，我就必须让他们在我的课程中有机会灵活地学习和思考。如果我总是满堂灌，或者总是让学生们做多项选择题，那么我基本上是在鼓励特定的思维风格，而忽略了所有其他的思维风格。

**9. 思维风格可能随着年龄的增长而变化。** 当你刚入职时，在一家典型的企业，作为一个底层经理，如果幸运的话，你可能会有一位全职秘书，但你更有可能不得不依靠一个秘书处，和其他人共用秘书。当你升入高管层时，你可能不仅有自己的专职秘书，而且有一群员工等着听从你的命令。因此，随着职位的升迁，从底层经理升为高管，你在工作中所能采用的风格将会有很大的不同。

例如，当你是底层经理的时候，你最好注意细节，因为没有人会帮你注意细节，如果你不这样做，你就会遇到麻烦。当你是高管的时候，你手下可能会有一群员工，他们会帮你注意细节问题，你可以把自己不想做或者没时间处理的细节问题交给他们。

## 第 5 章 | 思维风格的原则

　　这个原则同样适用于许多其他职业。在律师事务所，与普通律师相比，合伙人拥有更多的资源。在高校，与助理教授相比，正教授手下通常有更多的员工，事实上，正教授有时会像看待手下员工一样看待某些助理教授。当你刚成家的时候，你可能会亲自打理家务，因为你没钱请别人帮你做家务；20 年后，你至少会希望自己有足够的钱，能雇得起帮你做家务的人，例如一个清洁工，或油漆工等等。

　　思维风格可能会发生变化，不仅是因为可用资源的变化，还因为你发现自己也在变。在我的职业生涯刚起步的时候，我煞费苦心地建立详细的数学模型，来研究人们对特定任务的认知表现，例如对智力测验中的类比问题的解决。当时，这种工作对我来说似乎很重要，而且在我从事的心理学专业的特定领域（人类思维心理学），做这种工作也是一种正确的选择。

　　那种研究工作，在当时对我来说似乎很重要，但是在 20 年后的今天，看起来并不那么重要了。我现在已经记不清了，我当时为什么会认为那种工作（建立非常详细的模型，来研究人们对特定心理任务的认知表现）对我来说如此重要。我仍然能认识到那种研究工作的价值，但那不是我特别想做的工作。我现在感兴趣的是，我所认为的更大的问题。

　　其他人似乎与我相反，在一个领域中工作的年头越久，就越会对曾经觉得不重要的细节问题感兴趣。他们可能会认为，真相在于细节，而不在于平淡无奇的所谓大问题。

　　有些职业有内置的安全阀，对于发现自己的思维风格逐年变化，并且与自己所从事的工作越来越不匹配的那些人来说，在业内转换工作是有可能的。例如，律师可以成为法官，做研发的科学家可以成为管理者，教师可以成为行政人员，运动员可以成为教练。这种安全阀是重要途径，确保人们在职业生涯的不同阶段都能在行业内找到适合自己的工作。

问题的关键是，对于很多人来说，他们的思维风格会随着年龄的增长而变化，但并不是每个人都会以同样的方式改变。与能力一样，思维风格是易变的而不是固定的，是动态的而不是静态的。与我在21岁时所认为的相反，一个人的思维风格不会在其成年后就停止发展。相反，它是贯穿人的一生的持续过程，你在年轻时可能觉得某种思维风格很正常，但是若干年后，你就会觉得它显得陌生和奇怪。

在人的一生中，思维风格确实会随着年龄的增长而变化，所以重要的是，要认识到这样一个事实：你现在的思维方式可能不是你在10年后甚至5年后的思维方式，而且可能也不同于你在10年前甚至5年前的思维方式。这一事实意味着，当我们不能理解别人的思维方式的时候，我们也需要接纳他们。不久之后，我们的思维方式可能会改变，变得与他们的相同。如果你身为父母，家里有十几岁的孩子，你可能会明白我说的是什么。我有两个孩子，都是十几岁的年纪，我很看不惯他们的某种行为，但是在他们这个年纪，我自己也曾表现出那种行为。我也曾认为自己是无所不知的。（当然，我曾经是那样的，但是我的十几岁的孩子，他们也觉得自己无所不知——不行！）

**10. 思维风格是可测量的**。在科学上，测量很重要。如果你不能测量一个概念，你通常很难证明它的存在。如果一个概念不能被测量，它往往属于科学上的"毛毛球"（fuzzballs）范畴，这些想法可能很有趣，但它们并不能真正引起任何实质性的研究。

在教育领域，测量同样是很重要的。如果你想将一个概念用于诊断或预测，你需要有针对这个概念的一种或多种可靠的测量方法。教育领域的问题在于，测量往往先于理论，而不是遵循理论。结果是我们最终测量了一些东西，但是我们不知道我们在测量什么。

智力测量从一开始就存在这种潜在的严重问题。人们一直在测量他们所认为的智力，但对他们所测量的是什么却没有真正理解。心理学界的许多理论家认为，传统的智力测验只测量了智力的一个相对狭窄的方面。[4] 结果是，我们所认为的两个人在智力水平上的差异，可能只反映了他们的智力上的一个相当小的部分的差异。

当然，任何一种测验都不是完美的，包括思维风格测验。此外，虽然智力测验已经经过了多年的发展和完善，但本书描述的思维风格测验是新出的，直到最近才被试用。但我在这本书中描述了各种各样的测量手段，与通常的智力测验相比，思维风格测验在内容和形式上表现出更多的变化。

**11. 思维风格是可传授的。** 在很大程度上，人们通过社会化来获得自己的思维风格。但是，传授思维风格也是可能的。

传授思维风格的一种方法是，给你的孩子或学生布置一些任务，让他们在完成任务的过程中用到你希望他们发展的思维风格。这就是为什么，我会在教学中给学生们安排各种活动——讲座、课堂讨论、小组练习、考试、论文、家庭作业等。一种特定的思维风格，人们越多地使用它，就会越喜欢使用它。

传授思维风格的另一种方法是，教授这本书中的理论（或者其他理论，如果你喜欢的话！)。让学生们直接学习关于思维风格的理论，他们会意识到，他们拥有的选择比他们想象的要多，而且，不能因为某个人的思维风格与他们的不同，就认为那个人的思维更差（或更好）。在学习了思维风格之后，许多学生会获得自我效能感，因为他们意识到，自己的思维方式没有问题，充分利用它才是重要的。

**12. 某种思维风格，可能在一个时期受重视，在另一个时期就不受重视了。** 我们在第1章中讨论过，大学生对所选专业的入门课程的学习：在入门课程中考试全优的学生，以后未必会在本专业的职业生涯中发展得好。在整个人生中，在职业生涯的不同阶段，取得成功所需的思维风格也是在变化的。

当孩子们在幼儿园和学前班的时候，他们通常被鼓励参与探索性游戏和其他探究活动。对于他们所生活的世界，他们正在发展一种创造性的思维方式。但他们也在学着为下一步做准备，首先是通过涂色书。他们正在学习，就像画涂色书一样，在生活中，他们将被期望守界限。

当孩子们升入小学之后，以前表现很棒的孩子，在小学可能表现很一般，而另外一些孩子，在幼儿园和学前班的非结构化环境中可能并不出色，上了小学以后就表现得很好。随着年龄的增长，孩子们所处的环境通常变得越来越结构化。孩子们要学会各种规则，阅读的规则、算术的规则、写作的规则、课堂的规则，以及社会期望他们遵守的规则。到了他们上高中的时候，幼儿园的经历充其量只是一段遥远的记忆，在幼儿园受重视的思维风格也是如此。

工作场所的活动可能与学校的活动有很大不同，一般来说，在工作中取得成功所需的能力与在学校取得成功所需的能力也有很大不同。但大多数工作与上中学、大学和画涂色书有一个共同点，那就是，要求个人守界限。有些工作并不要求个人守界限，例如，创意作家、艺术家，甚至搞研究的科学家。也许不足为奇的是，最好的创意作家和艺术家，往往是在学校表现并不出色的那些人。

比如说，在高中或大学的英文课上表现特别好的那些学生，以后更有可能成为文学学者和评论家，而不是成为文学作家。他们在学校擅长的是文学评论，这使他们取得学业成就，也有助于他们在职业生涯中取得成功。事实上，在一些大学，如果有创意写作这个专业，通常是单设一个系，这个系不同于英文系（或比较文学系）。在我看来，设立创意写作学系是一件好事，有助于喜欢创意写作的那些学生在大学里找到发挥自己特长的地方。同样，成为音乐家的人与成为音乐评论家的人是不同的，成为艺术家的人与成为艺术评论家的人也是不同的。

许多人发现，他们在职业生涯中起起落落，某个阶段可能比较成功，其部分原因可能在于，他们的思维风格与职业生涯特定阶段的工作要求相匹配。例如，一个商业组织中的各级经理。想想看，在聘用初级经理的时候，一个组织想要什么样的人：通常情况下，组织想要的是，按要求去做事的人；不会问为什么要做这件事，或者为什么要以这样的方式来做；不找任何借口，干脆利落地把事情做完。

再想想看，在聘用更高级别的管理者的时候，一个组织通常想要什么样的人。对于一个组织来说，更高级别的管理者应该是这样的，他们不是只会按要求去做事，而是知道如何安排下属去做事；他们会提问，这个组织是否在做正确的事情，是否在以正确的方式做这些事情；如果有更重要的事情需要优先处理，他们会暂时放下自己正在做的事情。

由此可见，更高级别的管理岗位所需的思维风格，在许多方面，与初级管理岗位所需的思维风格是相反的。这一事实可能会产生令人不快的影响，如果有人问，谁有可能升职，从初级管理岗位晋升到高级管理岗位，或者如果有人问，谁有可能在职业生涯中遭遇滑铁卢。通常情况下，在低级职位上工作出色的人，可能被提拔到一个较高的职位上；做事方式不符合上级期望的人，可能在职业生涯中遭遇滑铁卢。

这一筛选过程的结果是，被提拔的人可能是最不适合在更高职位上工作的人。当然，只要有灵活性，这个人将能够更好地适应，使自己的思维风格与任何管理职位或其他职位所需要的相匹配。但没有人是完全灵活的。结果是，在一个组织中，我们可能会把以后最需要的人淘汰掉，把以后最不需要的人留下了。

在管理学文献中，我们经常看到"彼得原理"这个提法，指的是，在组织的等级制度中，人们常常被提升到其不能胜任的职位。但是，思维风格的概念会使我们得出一个有些不同的结论。这个问题可能不是能否胜任或能力的问题，而是一个人的思维风格与不同职级的工作要求之间的匹配问题。在一个组织中，一个人被提拔后表现不好，可能不是因为这个人被提拔到其不能胜任的职位上，而是因为其思维风格与新职位的工作要求不再相匹配。

对思维风格的要求不断变化，关于这个问题，从一个组织在发展过程中的转变就可以看出来。一个成功的创业公司，通常会逐渐转变成一个更成熟的、更为层级化的组织。在某些情况下，管理上的官僚制与管理层级化是相伴而生的。创始人要么自愿离职，要么被迫离开自己创办的公司，这样的情况并不少见。颇具讽刺意味的是，一个创业公司发展起来之后，其创始人就可能被踢出局，被认为在公司里起不到什么作用，甚至被认为对公司不利。

从思维风格理论的角度来看，这样的事既不令人惊讶，也没有什么不寻常的。艰苦创业所需的思维风格，通常不同于一个更稳固并且可能是官僚制公司的管理层所需的思维风格。同样，在一个组织中，不同级别或类型的职位，可能需要不同的思维风格。我认为，我们不应该把这种不匹配视为能力问题。大公司的创始人并不缺乏能力，如果创始人缺乏能力，其创立的公司就不可能成功。而是，创始人具有一种变革精神，这种精神更适合于公司的早期成长，不太适合于公司壮大后的发展。有些管理方法，在公司发展早期很有用，在公司发展壮大之后就不管用了。如果创始人不能灵活地改变自己的思维风格，当他创立的公司成为大公司时，他就会发现自己很难适应了。

通常，随着职业生涯的发展，个人会有更大的灵活度。例如，在一个层级组织，刚入行的底层员工必须证明自己的个人价值，即使他们在团队中工作。升职意味着，员工已经证明了自己是个踏实肯干的人。如果他们不注意体现自己在公司的价值，他们就可能在公司受排挤。

在科学研究领域，我们也可以看到这个问题。大多数的科研工作是通过合作完成的。但是，为了晋升，科研人员必须证明自己能产生具有创造性的、富有成效的想法。如果一个科研人员的所有工作都是通过合作完成的，特别是总与同一个团队合作的情况下，这个科研人员的个人贡献就显得不明确，不利于其晋升。现如今，科学研究需要的经费越来越多，获取科研经费的渠道越来越少，科研人员越来越难崭露头角。对于有抱负的年轻科学家来说，这是一个艰难的时期。

**13. 某种思维风格是否受重视，可能会因地点的不同而异。** 给两个（或更多）不同班级上过同一门课的任何老师都会发现，同样的一节课，在不同的班级有不同的课堂效果。这种现象可以发生在任何班级，无论是给小班上课还是给大班上课。多年来，我一直在给大学一、二年级的学生们讲授心理学入门课程。年复一年，我可能会在课堂上使用同样的讲稿和许多相同的笑话。但是，我讲相同的笑话，在某一学年的课堂上，可能引得学生们哈哈大笑，在下一学年的课堂上，则没有一个学生觉得好笑。没办法，有一次，我终于在黑板上画了一个"笑"的符号，当我讲一个笑话时，如果下面的学生都不发笑，我就用手指这个符号。

这种现象不仅限于教学。做演讲、开研讨会或办讲座的人都会发现，同样一场讲座，在不同的地方举办，会有不同的效果。例如，我多次在各所大学的心理学和教育学系举办学术讨论会。我知道，同样一场演讲，在耶鲁大学的心理学系可能广受好评，在另一所大学的心理学系则遭冷遇，反之亦然。为什么？因为这两个机构可能看重不同的、在某些方面是对立的研究风格。

在销售方面，同一种销售风格，可能对一个潜在客户非常有效，对另一个客户则完全无效。例如，我从一个汽车销售员那里买了一辆车，他很懂自己所售的汽车，不停地向我炫耀他对汽车的了解。这给我留下了深刻的印象：他是我遇到的少数几个真正了解自己所售汽车的销售员之一。但另一个客户可能会对此不感兴趣，不喜欢听销售员讲那么多关于汽车的细节。当然，最好的销售员会随机应变，针对不同的客户，采用不同的销售策略。

在企业文化中，这个问题也很重要。有的公司强调批评流程或创新想法，有的公司则特别强调公司规范，要求员工无条件接受，或者把自己的创新性想法憋在心里，在公司文化上，这两者往往相去甚远。在一家公司被重视的人，可能正是在另一家公司被轻视的那种人，反之亦然。换句话说，某种思维风格，可能在一个地方受重视，在另一个地方则被轻视。

同样的原则也适用于人际关系。许多人都有过这样的经历，对于我们身边的某些人来说，我们做的任何事情都不能令他们满意，而在另外一些人看来，我们是不会做错事的。然而，这两种人都可能认为，他们所重视的，就是在人际关系中真正应该重视的东西。通常，这只是因为他们更看重某种思维风格而已。然而，人们往往不承认这一事实。他们把自己看重的东西与"正确的"混为一谈。

与特别有条理的人在一起，有的人可能感到很舒心，有的人则感到无聊和局促。与思维跳跃、说话没有条理的人交往，有的人可能感到很有趣，有的人则感到非常沮丧。与评价能力强、经常指出朋友的长处和短处的人交往，有的人可能觉得很好，有的人则感觉会受到威胁。在人际关系中，和睦相处意味着，找到与自己相投的朋友，他们不仅欣赏我们本人，而且欣赏我们具有的思维风格。

我们需要注意的是，人们或组织说他们重视什么与他们真正重视的往往是不同的。对于这一点，只需看看自己周围，就能发现某人或组织所说的重视什么与真正重视什么之间的差异。大多数组织都宣称鼓励创造性思维，但真正鼓励创造性思维的组织却很少。在一个宣称重视团队合作的组织中，我们可能会发现，团队成员为了争夺职位而经常相互在背后使坏。

在言行一致方面，学校是表现最差的组织之一。当然，学校管理者会说，教学出色的老师会被提拔为行政管理人员。教学出色是最重要的吗？如果你去各所学校看看，你很可能会发现有这样的学校，其中所有或几乎所有的老师都是女性，但校长是男性。现在试着找出相反的情境，有没有这样一所学校，其中所有或几乎所有的老师都是男性，但校长是女性。祝你好运。在思维风格方面，高层管理者通常会说，他们重视那些有独立思考精神的教师，但是被提拔到校长或其他行政岗位上的教师，通常都以愿意对上级的要求说"是"而著称。

有时候，面试也是一种方式，可用来找出愿意听上级指挥的人。在州教育部门工作的一位女性，去面试副厅长职位（第二把手，仅次于教育厅长）。面试官问她，在她看来，二把手应该是起到教育领导者的作用，还是起到行政管理者的作用。鉴于这是二把手职位，她回答道："教育领导者。"错了。获得这一职位的是给出正确答案的人，也就是，把领导的所有荣誉归于一把手。在美国，很多副总统沦为总统的马屁精，忠实拥护总统的任何政策，包括那些注定行不通的政策。在副总统这个职位上，受重视的思维风格是什么，那是不言而喻的。

在墨西哥，总统职务的交接涉及一种更奇怪的规矩。在实践中，就是由现任总统选择自己的继任者，总统选择的继任者几乎总是唯命是从的人。虽然有普选，但是同一个政党，"革命制度党"（PRI）多年来一直是执政党①，其原因尚存争议。候选人的奴性越强，就越有可能被选为继任者，然后当选总统。通过这种方式，前任总统试图确保其政策的延续。但从历史上看，新总统在当选后通常会立即开始攻击前总统。这种攻击是非常激烈的。因此，具有讽刺意味的是，前任总统为了确保其政策的延续而选择继任者，但继任者当选后却往往会与前任总统对着干。

**14. 一般来说，思维风格没有好坏之分——这是一个匹配问题。** 当我们谈到能力时，我们可以说能力更好或更差，但现在应该清楚的是，只有在给定的情境下，才能说思维风格是更好或更差。一种思维风格可以与一种情境匹配得很好，与另一种情境则不相匹配。

我们不能仅仅从一个职位的通用名称，来判断思维风格是否匹配。例如，某个领域的教授可能会从事主要需要创造性的工作，比如科学领域的教授；另一个领域的教授可能会从事主要需要批评性的工作，比如文学领域的教授。当然，批评可以是创造性的，也可以对创造性的工作进行批判性的分析，但这两个职位所需的主要的思维风格可能有所不同。同样，诉讼律师与从未上过法庭的企业律师，这两个职位所需的思维风格也很可能有所不同。实体店销售员，例如在服装店的销售员，是向进店的顾客销售，电话销售员则要主动给那些甚至没想买东西的人打电话，这两种销售职位所需的思维风格也会有所不同。

即使在同一种工作中，大多数任务也需要多种思维风格的组合，许多工作至少在某个时候需要同时用到几乎每种思维风格。

---

① 革命制度党从1929年起在墨西哥连续执政71年，直到2000年选举落败下台。——译者注

因此，我们可以看到在这方面的灵活性的好处。然而，我们最需要认识到的是，同一种思维风格，可能与一个任务或情境匹配得很好，与另一个任务或情境则不相匹配，但能力则不然，更高的能力总是更好的，几乎与情境无关。

匹配问题是一个关键问题。作为一名教师，我曾经给出过一个最糟糕的建议，我的一名学生收到了两份工作邀请，一份来自一个知名的机构，另一份来自一个不知名的机构。我建议他去那个知名机构工作。为什么这个建议如此糟糕？因为我和他都知道，他喜欢做的那种工作，以及他应对问题的思维风格，与那个不知名的机构更匹配，与那个知名的机构则不相匹配。不幸的是，他听从了我的建议。

他去那个知名机构工作，如大家所料，那份工作不适合他。在那个机构，人们从来没有真正重视过他的工作贡献。结果，他被边缘化了，最终发现自己不得不离职。他当初若是去了另一个机构工作，我毫不怀疑，他会适应得很好，工作做得更好，也会更快乐。我和他都得到了一个教训，但我应该知道，最重要的是，找到适合自己的工作岗位，而不要去那种很有名但是不重视你的工作贡献的机构。

**15. 我们把思维风格的匹配与能力水平相混淆**。从某种意义上讲，在本章的结尾，我们又回到了开始的地方。人们或机构都倾向于重视与自己相似的其他人或机构。结果是，我们倾向于把与自己相似的人视为能力更高的。因此，许多儿童和成人受到赏识从来不是因为他们是什么样的人，而是因为他们的风格与评价者的风格相匹配。

作为一份心理学期刊的编辑，我多年来发现，该期刊的审稿人可以大致被分为两类：有些审稿人注重的是，论文在多大程度上与审稿人自己的看法相符；还有一些审稿人注重的是，论文本身的质量，无论作者的观点是否与审稿人自己的观点一致。

当我们评价别人时，作为评价人，我们同样可以被分为两类。在评价别人时，有些人只欣赏与自己相似的人，还有一些人则欣赏有才能的人，无论评价人自己是否有同样的才能。我们会更好地利用别人的才能，并更好地帮助他们发展，如果我们赏识他们自身具备的风格优势，而不是按我们的想法来判断他们的话。

# 第 6 章
# 思维风格的发展

不同类型的智力功能来自哪里？当然，至少有一部分风格偏好是遗传下来的，但我认为这只是一小部分。相反，风格似乎在一定程度上是社会化的概念，就像智力一样。[1] 从小时候起，我们就意识到，在待人接物方面，采用某种风格会得到更多的回报，我们可能就会偏向于采用这种风格，与此同时，我们有一种内在的倾向，这种倾向限制了我们能在多大程度上和多好地采用更有回报的风格。在某种程度上，社会是按照在特定情况下有利于某种风格或另一种风格的方式来构建任务的。对于特定的社会化的任务，采用何种风格及其效果如何之间存在持续的反馈循环。需要补充的是，对于各种互动风格，某些奖励和惩罚可能是内在的，而不是外在的。我们所采用的风格，不仅与外部事物和人有关，而且与我们自己有关。

## 》思维风格发展中的变量

考虑一下，有哪些变量可能影响思维风格的发展。

## 文化

第一个变量是文化。在某些社会文化中，某种风格可能比其他风格更有价值。例如，北美对创新和造"更佳捕鼠器"（better mousetrap）的重视，可能有利于立法型风格和自由型风格，至少在成年人中是如此。美国的民族英雄，如作为发明家的爱迪生、作为科学家的爱因斯坦、作为政治理论家的杰斐逊、作为企业家的史蒂夫·乔布斯和作为作家的欧内斯特·海明威，往往是因其采用立法型风格做出的贡献而成为英雄。

其他社会，如日本，传统上更强调一致性和循规蹈矩，可能更有利于行政型风格和保守型风格的形成。如果一个社会极其强调一致性和循规蹈矩，那就可能停滞不前，因为这样的社会会导致其成员形成保守型风格。有趣的是，"日本制造"这个标签，从 20 世纪 50 年代的廉价模仿美国产品的形象，转变为 20 世纪 90 年代的高科技创新的形象。这种形象的转变，至少在一定程度上，似乎反映了在日本社会受重视的风格的转变。

在某些社会文化中，孩子们从小就被教导，不要质疑某些宗教信条。或者他们可能被教导，不要质疑政府。大多数父母不希望看到自己的孩子被关进监狱。例如，在一些国家，质疑政府可能会招致牢狱之灾或更糟的后果，因此父母有强烈的动机，对孩子的保守型风格加以奖励，对孩子的自由型风格加以惩罚。在其他社会，大人会鼓励孩子们去质疑他们所学的很多东西。我相信这些差异很重要。人们有时会问，为什么某些宗教或族群的成员比其他群体的成员更有可能获得诺贝尔奖或其他奖项。我们很容易将这种差异归因于获奖者的政治动机，或者归因于不同群体的机会不同。但就宗教而言，分属不同宗教群体的孩子们，往往是在相同的国家和非常相似的社会经济环境中长大的。我认为，思维风格是最重要的：在有些群体中，立法型和自由型的思维风格是受到鼓励的，具有这种思维风格的人有可能产生创造性工作，最终有可能因创造性成就而获奖。在其他群体中，立法型和自由型的思维风格是不受鼓励的，这些群体的成员就不太可能因创造性成就而获奖。

考虑一下，关于文化差异的另一个变量——个人主义－集体主义。这一变量已被广泛用作理解不同文化之间价值观重要差异的基础。[2] 这个维度涉及，一个特定的文化在多大程度上支持和鼓励个人把自己的需要和愿望置于集体的需要和愿望之上。个人主义文化的成员往往认为，自己从根本上是独立和自主的实体；集体主义文化的成员往往认为，自己与他人从根本上是相互关联的。在集体主义文化中，个人在很大程度上是作为社会角色的功能，将他与一个更大的集团实体联系在一起。

松本描述了一个评估量表，他和同事们用它来评估个人主义－集体主义。集体主义倾向高的人往往认为，更重要的是，服从重要他人（significant others）的直接要求，在这些人面前保持自我控制力，为这些人的成功而分享荣誉，为这些人的失败而分担责任。[3] 个人主义倾向高的人很少表现出这些特征。

霍夫斯塔德研究了39个国家在个人主义－集体主义方面的文化差异。[4] 有6个国家是个人主义程度最高的，从高到低依次为：美国、澳大利亚、英国、加拿大、荷兰和新西兰。还有6个国家是集体主义程度最高的，从高到低依次为：委内瑞拉、哥伦比亚、巴基斯坦、秘鲁、中国和泰国。这里有一些明显的倾向。个人主义程度较高的国家往往与英国（过去或现在）有关联,或者是北欧国家。集体主义程度较高的国家往往是在亚洲或拉丁美洲。

虽然内倾型风格和外倾型风格会存在于这两种文化中,但这两种文化各自的性质表明,个人主义文化会更加重视内在主义,集体主义文化会更加重视外在主义。为什么?因为在个人主义文化中,其价值体系所奖励的是,凭个人努力获得成功的人。小霍雷肖·阿尔杰的那些经典成功故事所讲的就是,一个人如何凭个人努力成为人上人,最终成功地为体制工作,并使这个体制对他有利。在集体主义文化中,个人生命的意义很大程度上来自他所属的群体,所以很难在不参照这些外在群体的情况下界定个人。

**性别**

与思维风格发展有可能相关的第二个变量是性别。威廉姆斯(Williams)和贝斯特(Best)在30个国家做了一项研究,考察了这些文化中与男性和女性相关的形容词。与性别相关的形容词,在不同国家具有显著的一致性。贝里、布汀格、西格尔、达森认为,性别刻板印象的跨文化一致性如此之高,以至于这种刻板印象可能是文化普遍性的少数真实例子之一。[5]

例如,男性通常被描述为具有冒险精神、进取性、个人主义、创造性和进步性,女性通常被描述为谨慎、依赖、挑剔、害羞和顺从。这些刻板印象代表的是观念而非现实——它们可能有事实依据,也可能没有任何事实依据。但是当我们对孩子进行社会化教育时——培养他们,使他们与我们为他们设定的形象(他们应该成为什么样的人)相符——我们根据的是我们的观念,而不是现实。因此，如果我们相信男性的社会角色是那样的，那么影响我们的正是这种信念，而不是事实（男性的角色实际上是怎样的）。

我认为，这些形容词显示出的是，在可能会得到奖励的风格方面，男性和女性之间的差异。特别是，男性更有可能因立法型、内倾型、自由型的思维风格而得到奖励，女性更有可能因行政型或司法型、外倾型、保守型的思维风格而得到奖励。基于这种认识，男性和女性可能从出生的时候开始就会被以不同的方式社会化。对于男性和女性来说，被认为是可取的或至少是可接受的行为，是有所不同的。

关于这一事实，这里有很好的非正式观察的证据。在高管层，男性和女性会发现自己面临着不同的期望。在一些组织中，特别有资历的女性可能不会被提拔为领导。在一个组织中，如果一名女性候选人积极进取，谋求首席执行官职位，这名女性就会被认为有些可疑，但如果一名男性候选人表现出同样的行为，那就不会被认为是可疑的。

男性和女性在思维风格上的差异，可能是在很大程度上作为文化的一部分被社会化的，以至于人们几乎意识不到它们有多重要，例如男孩和女孩从出生起就受到的区别对待。我们知道，男性和女性在各种测验中表现不同。阿诺德·汤因比评论说，在英国，就 11+ 考试（11-plus examination，英国小升初的选拔性入学考试）而言，在过去，女生比男生考得好。[6] 但是文法学校（grammar schools）所收男生多于女生。这是通过给女生施加分数障碍——她们必须获得更高的分数才能被录取——才做到的。像这样的做法当然表明，对男性和女性的奖励体系是有差别的。

当然，在某些测验中，比如空间视觉化测验（tests of spatial visualization），男性的表现要好于女性。[7]还有人指出，在牛津大学，男生获得一级荣誉学位的可能性是女生的两倍。但这是现在的数据。在20世纪70年代早期，女生比男生更有可能获得一级荣誉学位。关于为什么会出现这种差异，有一份工作报告表明，女生在小论文的写作方面往往更加谨慎和保守，这种风格的论文通常会被打低分。换句话说，在小时候，与男生相比，女生更有可能因某种思维风格而得到奖励，但是在长大之后，具有这种思维风格就可能对女性不利，例如，女生的论文被打低分，因为她们的论文写得比较保守，没有表现出冒险精神，但是从小到大，女生受到的教育都是，不要去冒险。

因为我们已经收集了关于思维风格的一些常模数据，尽管这些数据是有限的，但我们确实可以对其中一些想法进行检验。如何比较男性和女性在思维风格上的不同？因为我们的样本很小，而且不一定有代表性，所以我们在得出结论时必须谨慎。此外，在我们的数据中，男性和女性对评分量表的使用有所不同，在每个项目上，男性给自己打的分数都往往比女性的高。然而，在我们的被试（成年外行人）样本中，我们对这些差异进行了控制，然后发现，与女性相比，男性倾向于认为自己具有较高的立法型思维风格、较低的司法型思维风格、较高的全局型思维风格、较高的内倾型思维风格。在自由型思维风格量表上，就中位数分数而言，男性和女性相差不大；然而，在低端水平，男性的自由型思维风格得分高于女性，例如，在第10百分位数上，男性的得分是4.1分，女性的得分是3.3分；在高端水平，这种差异并没有出现。因此，从这些数据来看，至少有一些趋势支持我们的预测,当然,这些只是粗数据,远非结论性的。

重要的是要认识到,这些结果表明了现状是什么,而不是可能或应该是什么。传统上,具有立法型和自由型的思维风格的男性更容易被认可。人们普遍认为,男人应该制定规则,女人应该遵守规则。它是由以前的做事方式造成的,不是一定要这样做的。

**年龄**

第三个变量是年龄。对于学龄前儿童来说,立法型思维风格通常是受鼓励的,在幼儿园和一些家庭的相对宽松和开放的环境中,孩子们被鼓励发展自己的创造力。当孩子们开始上小学之后,鼓励立法型思维风格的时期很快就结束了。人们期望孩子们在学校的遵从价值观中被社会化。在学校,大多数情况下,老师决定学生们该做什么,学生们要按老师的要求去做。幼儿园的能选择的宽松环境——孩子们选择做什么和怎么做——已经结束了。在学校,如果学生不听指挥不服从管理,那就会被视为社会化不足,甚至是怪异的。参加工作之后,有些工作是鼓励立法型思维风格的,但是在人才培养阶段,这种思维风格可能是不受重视的。例如,高中阶段,在物理课或历史课上,受重视的通常是行政型思维风格,老师提问或出题,学生们回答或答题。但是当学生们走上工作岗位时,如果他们成为物理学家或历史学家,他们将被期望更具立法型思维风格。具有讽刺意味的是,他们可能已经忘记了如何做到这一点。我们有时说,孩子们在学校失去了创造力。他们真正失去的可能是,产生创造性表现的思维风格。

在没有向任何人提及的情况下,我们改变了我们的奖励体系,甚至我们自己也没有明确意识到这些变化。例如,一个立法型思维风格者，在高管的职位上，如果提出了一个关于如何经营公司的出色想法，他就可能因此而得到一笔奖金，但是作为底层经理，如果提出了同样的想法，他就可能因此而丢掉工作。这个原则适用于任何领域。

就我所在的心理学领域，奖惩体系也会随着一个人的职业发展而变化。大学一年级，就典型的心理学入门课程而言，对学生的学习评估主要采用简答题考试的形式，至少在美国是这样。即使采用论文考试形式，也很可能是复述事实那种类型的考试。因此，在很大程度上，表现出行政型、局部型、保守型思维风格的学生，将会取得好成绩。在大学高年级甚至研究生阶段的心理学课程中，老师很可能会要求学生们写文章，比较和对比不同的心理学理论，或者对研究论文或治疗方案进行分析。因此，在这个阶段，司法型思维风格变得重要，而行政型思维风格则变得不那么重要。当学生毕业后，开始职业生涯，比如说，成为从事研究的心理学家，他将会因提出能推动这一领域发展的创造性想法而得到奖励——在这一阶段，立法型思维风格是最重要的。在一个领域，与资历较浅的人相比，资历较老的人被给予更多的自由，他们可以更多地表达自己的意见。相比于初级研究员，高级研究员提交的论文和基金申请书会更受重视。实际上，与资历较浅的人相比，资历较老的人享有更多的自由，他们可以更多地表现出立法型和自由型思维风格，来改变这一领域。具有讽刺意味的是，资历较浅的人往往更具革命性，部分原因在于，他们在这个领域的地位还不牢固，因此他们更有可能产生创新性想法，来改变这个领域。[8] 因此，在心理学学术界，如在企业界一样，在职业生涯的不同阶段，受重视的思维风格也是不同的，这导致不同的人看起来似乎有能力高下之分。这种差异实际上并不在于个人能力本身,而是在于,在职业生涯的不同阶段,受重视的思维风格是什么。

着眼于长期目标的奖励体系可能与着眼于短期目标的不同,而且这两个体系实际上可能是对立的。例如,具有高度的立法型和自由型风格的工作成果,最初可能会因为太过前卫而被人拒绝。然而,从长远来看,这样的工作才有可能最终改变一个领域,并获得最大的回报。[9]

### 父母教养方式

第四个变量是父母教养方式。父母的鼓励和奖励很可能反映在孩子的风格上。对于孩子表现出的立法型或司法型思维风格,父母是否会予以鼓励?孩子很可能会效仿父亲或母亲表现出的思维风格。例如,如果父母是君主型风格者,在孩子表现出同样专注的时候,父母就会表扬孩子;相反,如果父母是无政府型风格者,在孩子开始表现出君主型风格的时候,父母可能会对此感到厌恶,并试图压制它,认为这是不可接受的。如果父母让孩子把眼光放长远,把心思放在大事上,不要太在乎小事,父母可能会引导孩子形成全局型思维风格;如果父母自己就不关注全局,只见树木而不见森林,父母更有可能鼓励孩子形成局部型思维风格。

我认为,在孩子的智力发展中,一个更重要的变量是,父母应对孩子提出的问题的方式。[10] 孩子们在童年时期可能会提出成千上万个问题。父母对这些问题有不同的反应方式,他们的反应方式会影响孩子的思维风格的形成。例如,如果父母鼓励孩子提出问题，并且在可能的情况下，鼓励孩子自己寻找答案，孩子更有可能形成立法型思维风格；如果父母鼓励孩子对所提出的问题和给出的答案进行评价、比较和对比、分析和判断，孩子更有可能形成司法型思维风格。

同样的逻辑也适用于其他思维风格。例如，如果孩子经常看到父母（或老师）注重大事，孩子更有可能形成全局型思维风格；如果孩子经常看到父母（或老师）注重小事，孩子更有可能形成局部型思维风格。如果父母鼓励孩子参与小组活动，孩子更有可能形成外倾型思维风格；如果父母鼓励孩子独自做事，孩子更有可能形成内倾型思维风格。

在培养孩子的思维风格方面，父母有一些影响，但不会有完全的影响。一方面，孩子们的性格会有所不同，比如，有的孩子很合群，有的孩子则不太容易与人合作。另一方面，孩子还会受到其他社会化因素的影响，这些影响因素与父母的影响相互竞争。例如，父母可能在家里鼓励孩子学会广泛质疑，但孩子所在的学校却不鼓励这种质疑。孩子的思维风格的形成，是受多种因素影响的，没有一种社会化因素能起到完全的影响作用。

家庭宗教信仰，或者在较罕见的情况下，孩子自己寻找的宗教信仰，也会对孩子的思维风格发展产生影响。在日常生活中，有些宗教比其他宗教更鼓励质疑与对抗。诺贝尔奖分布情况，与各宗教群体在世界人口中所占的比例并不一致。这种差异模式反映了这些不同的宗教群体对现有方式质疑的强调程度不同。

**学校教育和职业**

影响思维风格发展的最后一个变量是，学校教育和以后的职业。在不同的学校，特别是不同的职业，受奖励的思维风格也会不同。对装配线工人有利的思维风格，很可能不同于对企业家有利的思维风格。个人对自己所选的职业的奖励体系做出反应，在这个过程中，其思维风格的某些方面会受到鼓励或压制。

一般来说，在世界上大多数地方，就学校教育而言，行政型、局部型、保守型思维风格可能是最受重视的。如果孩子们按要求去做，并且做得很好，他们就会被认为是"聪明"的。学校把自己看作社会化因素，但在某种意义上，孩子们要学会在其所处的文化中如何思考和做事；学校教育很少鼓励学生在知识、智力上的独立，至少在最高层次的教育（如高年级研究生或博士后）阶段之前是如此。即使在最高层次的教育阶段，立法型思维风格也往往不是特别受鼓励的。

## 风格与能力

显然，上文只是选择列举了几个变量，并没有把可能影响思维风格的所有变量都列出来。而且，像这样的任何讨论，都不可避免地简单化了思维风格发展的复杂性，即便只是因为各种变量之间的复杂的相互作用。此外，思维风格与能力也可以相互作用。偶尔，我们可能会遇到那样的人，例如缺乏创造力但是倾向于立法型思维风格的人，或者有创造力但是不倾向于立法型和等级型思维风格的人，等等。但在大多数情况下，在适应良好的人群中，风格与能力的互动会更加同步。根据人类智力的三元理论，高情境性智力（contextually intelligent）的人是会利用自己的长处，并且会补救或弥补自己的短处。[11]这种利用和补偿的一个主要部分似乎是，在自己的能力和自己偏好的风格之间找到和谐。无法找到这种和谐的人，很可能会因为自己偏好的表现方式与自己的表现能力之间的不匹配而感到沮丧。

如果思维风格确实是被社会化的，即使是在一定程度上，那么它们几乎肯定是可改变的，至少在某种程度上是可改变的。这样的改变可能并不容易。对如何改变思维，我们知之甚少；对如何改变思维风格，我们更是知之甚少。假设我们了解了这些改变背后可能存在的机制，我们将会寻求的改变思维风格的方法，或许类似于一些教育家和心理学家在思维教学中使用的方法。[12]

我们需要教育学生，让他们学会利用自己的长处，并且会补救或弥补自己的短处。在一定程度上，所有的短处都是可以补救的，但有些短处或许是不能完全补救的。我们通常可以制定出补偿机制，以帮助缩小工作表现上的长处与短处之间的差距。例如，不喜欢细节工作的企业高管，或许可以聘请别人帮他做这些事。最终，我们希望，一种关于思维风格的理论，不仅可以作为思维风格的测量基础，而且可以作为培训的基础，最大限度地提高人们在对待事物、他人和自己方面的灵活性。

例如，我想到了两位科学家，他们两人有时被认为在其所选择的领域没有做出应有的成就。关于思维风格的理论，可以解释这其中的原因。其中一位科学家显然具有司法型思维风格：他喜欢写评论，审阅和编辑论文，在基金专家组当评审专家，等等。但在科学领域，最受重视的不是司法型思维风格，而是立法型思维风格——例如提出新理论，或者关于实验的新思路，等等。同

## 思维风格

样，另一位科学家似乎非常喜欢收集数据、分析数据和撰写文章，但似乎对他正在做的实验不太感兴趣。他具有行政型思维风格倾向，如果他是在重视行政型思维风格（执行他人的想法，而不是提出自己的想法）的领域工作，他可能会得到更多的回报。但在科学上，行政型思维风格和司法型思维风格必须是服务于立法型思维风格的，例如当我们计划进行实验和分析实验的时候。

一般来说，在特定的职业生涯的不同阶段，受重视的思维风格也会有所不同。例如，较低级别的管理者需要更具行政型思维风格，但是高层管理者则需更具立法型和司法型思维风格。随着职业生涯的发展、职位的升迁，取得成功所需的思维风格也是在变化的，这就提出了关于如何通过职业生涯阶梯来选择和筛选人才的问题。

例如，在研发中心，我们经常看到，有些人是优秀的工程师，但是在组织中作为工程师没法继续升职了。他们成为管理者，但不是成功的管理者。一些新兴的生物技术公司面临着这个问题，因为它们发现，它们的科学家并不总是最好的管理者，但是没有科学背景的管理者有时不能理解科学家的想法。这并不奇怪，因为管理者可能更具行政型思维风格，科学家更具立法型思维风格。

有些行业有可选的职业路径转换办法，有助于思维风格与工作不太匹配的那些人转换工作岗位。例如，有司法型思维风格倾向的律师，可能会在以后的职业生涯中成为法官；有行政型思维风格倾向的科学家或工程师，可能会在以后的职业生涯中成为研发机构的管理者或大学的管理者。在大学里，管理者在任期结束后通常就很难再回去搞科研了；因为他们发现，事实上，他们更

## 第6章 思维风格的发展

倾向于行政型思维风格，而不是立法型思维风格。但是在一个人的职业生涯中，在某个发展阶段，如果具有与工作不匹配的思维风格，那就可能自毁前程。例如，一名科研工作者，除非具有一定的立法型思维风格，能在科研上早出成果，否则他可能永远不会获得终身教职，因此永远无法进入大学的管理层。或者，一个管理人员，在职业生涯早期，如果他具有太强的司法型思维风格，最终就可能因为得罪了太多的同事甚至上司而不会被提拔，因此永远无法进入高管层，只有在高管职位上，具有比较强的司法型思维风格才可能是更合适的。

虽然我强调了人们如何将某些思维风格带入工作中，但重要的是要认识到，工作也可能影响和改变人们的思维风格。一个具有立法型思维风格的学校教师，被调到管理层任职，出于工作需要，他可能发现自己趋向行政型思维风格，并且会更多地采用行政型思维风格，增强这方面的能力。由于在工作中不经常采用立法型（或其他任何类型）思维风格，几年之后，那种思维风格实际上可能会受到压制。一个人所从事的工作，不仅会影响到其各种智力水平，还可能会影响到其思维风格。有时，这种转换可能至关重要。例如，许多州议员和联邦议员都曾经当过律师。因此，他们可能并不是最乐于提出新想法的人。事实上，议员们的政治演讲往往让人感到缺乏新意。有些议员请雇员帮他们想出新点子，然后基本上就是照读雇员写的稿子，并且将雇员的想法据为己有。还有一些议员可能会趋向立法型思维风格，并尝试自己想出新点子。思维风格的概念会使我们认真考虑，什么样的工作转换可能会更好，什么样的工作转换可能不太好。

上述几点不仅适用于工作方面，也适用于学校。我认为，在许多学校，行政型思维风格是最受重视的——要求孩子们在现有规则体系下，寻求学校重视的奖励。学校会培养出具有行政型思维风格的学生，在一定程度上改变某些学生的思维风格。但是，行政型思维风格是否会一直受重视，那将部分取决于职业路径，为什么学校成绩不能很好地预测工作的成功，这就是其中的原因之一。例如，能够在涉及解题的数学课上考高分的学生，将来未必能成为一名成功的数学家，因为作为一名数学家，最重要的是首先提出想要解决的问题。在中学，特别是在大学阶段，司法型思维风格可能会更受重视，因为学生需要学会分析和判断，例如分析老师给出的证明方法。只有到了研究生阶段，立法型思维风格才有可能受重视，因为研究生需要在论文和其他研究中提出自己的观点。但是有些教授——他们希望研究生跟着导师的思路走，或者至少成为自己的信徒——可能不会重视表现出立法型思维风格的研究生，他们更喜欢具有行政型思维风格的研究生，因为那些学生能够有效和勤奋地把导师交代的工作做好。

在思维风格上，老师和学生之间的契合，对师生关系的成功至关重要；同样，校长和教师之间的契合，对校长与教师关系的成功至关重要。例如，具有立法型思维风格的学生与具有行政型思维风格的老师，可能根本相处不好。具有立法型思维风格的学生与具有立法型思维风格的老师，甚至也可能会相处不好，如果那个老师恰好是不容忍其他人表现出立法型思维风格的人。教育工作者需要考虑到自己的思维风格，以便理解它如何影响自己对他人的看法和与他人的互动，并消除自己的偏见。

显然，某些孩子会受益于特定的教学风格。一个具有行政型思维风格的聪明学生，可能会受益于快速教学，就是教同样的内容，以更快的速度讲授。一个具有立法型思维风格的聪明学生，可能会受益于拓展式教学，就是给学生以参与创造性项目的机会，与学生偏好的学习风格相一致。

学校不仅要考虑到教师与学生之间（或校长与教师之间）在思维风格方面的契合度，而且要考虑到一门学科的教学方式和学生的思维方式之间的契合度。一门课程的某种教学方式，可能对某种特定思维风格有利（或不利）。例如，一门关于自然科学或社会科学的入门或初级课程。这门课的教学可以是以强调学习和使用现有的事实、原则和程序为主（一种行政型的教学风格），或者以强调设计一个研究项目为主（一种立法型的教学风格），或者强调写论文，对各种理论或实验方法进行评价（一种司法型的教学风格）。在大学时期，我选了心理学入门课程，难怪我在考试中得了 C，那门课的教学风格是行政型的！现在，回想起来，这一点也不奇怪，作为一名教授，我过去有一种倾向，在讲授心理学入门课程的时候，我注重让学生们设计一个课题研究方案，最后的考试成绩主要看学生们设计的课题研究方案。就像大多数老师一样，我的教学风格反映了我自己的思维风格。教学风格反映了教师的思维风格，这是个一般原则，并不局限于心理学课程，甚至也不限于科学课程。例如，写作课教学，可以是注重让学生写批判性文章（司法型风格），或者写有创意的文章（立法型风格），或者写说明性文章（行政型风格）。

有时候，随着课程的难度和深度的增加，所学内容的性质也会自然地随之变化，就像在职业生涯的不同阶段。以数学和基础科学课程为例，初级课程适合采用行政型教学风格，让学生们解答预先编好的问题；高级课程适合采用立法型教学风格，让学生们提出关于证明、理论和实验的新想法。值得关注的是，因为初级阶段课程学得不好而被淘汰的某些学生，或许能在高级阶段课程中取得成功；而在初级阶段课程中取得成功的某些学生，可能并不适合学习高级阶段的课程。

也许最重要的一点是，我们倾向于把水平与思维风格相混淆。例如，目前大多数智力和学业成就测验都是最有利于行政型思维风格——它们需要应试者解答预先编好的问题。应试者不能自己编题，或者评判试卷上的问题的质量（至少在考试时不能！）。分析类试题对司法型思维风格者有利，但是对于立法型思维风格者来说，现有的这些测验不仅对他们不利，而且实际上可能会压制他们的立法型思维风格。显然，思维风格会影响能力知觉（perceived competence），但正如前面提到的，一般来说，思维风格独立于智力，尽管在智力的特定领域不一定是这样的。在推荐就业安排的时候，对于被推荐人的思维风格与能力和动机，应给予同等重要的考虑，但是儿童入学的学位安排决定则不一样，可能会主要考虑能力问题，而不是思维风格问题。

在学校，思维风格到底有多重要，思维风格方面的研究有什么发现？这些是第三部分的主题。

# 第三部分
# 在学校的思维风格及相关研究和理论

# 第 7 章
# 课堂中的思维风格

我们学到了什么？

我们研究了课堂教学中的思维风格，以证实我们的观点，也就是，思维风格对学生的在校表现有着重要的影响。思维风格怎么会有这么大的影响呢？

## ▶ 教学和评估中的思维风格

对于参与教学和评估学生（任何学生，包括儿童、青少年或成年人）的老师们来说，心理自我管理理论意味着，某些模式可以使教学更加有效。关键原则是，为了让学生最大限度地从教学和评估中受益，至少有一些教学和评估方式应该与学生的思维风格相匹配。我并不提倡这两者始终完全匹配：和每个人一样，学生们需要认识到，我们所处的环境并不总是与我们偏好的做事方式完全匹配。灵活性对学生和教师同样重要。但如果我们想让学生展示他们真正能做什么，教学和评估方式与学生的思维风格相匹配就是有必要的。

表 7.1 显示了各种教学方法和与之最匹配的思维风格。这个表格的要点是，不同的教学方法对不同的思维风格有利。如果一个教师想要接触并真正与每个学生互动，他需要针对不同的思维风格进行灵活教学，这意味着，使用不同的教学风格，以适合具有不同思维风格的学生。

表 7.1  思维风格与教学方法

| 教学方法 | 与之最匹配的思维风格 |
| --- | --- |
| 讲述法 | 行政型，等级型 |
| 基于思考的质疑 | 司法型，立法型 |
| 合作（小组）学习 | 外倾型 |
| 解决给定的问题 | 行政型 |
| 项目式学习 | 立法型 |
| 小组温习课：学生们回答事实性的问题 | 外倾型，行政型 |
| 小组讨论课：学生们讨论各种想法 | 外倾型，司法型 |
| 阅读 | 内倾型，等级型 |

到目前为止，讲述法是学校里最常见的教学形式。在大学阶段，对于大多数学生来说，很多时间花在了上课听讲上。中学时代也是如此。在小学阶段，教学形式更为多样化，但几乎总是包含大量的讲述教学。讲述法往往与行政型、等级型思维风格最匹配。它与行政型思维风格匹配，因为讲述法就是老师灌输知识，学生们被动地接受老师讲述的知识，学生们通常不会对课程材料的其他组织方式进行太多思考，而且几乎总是不会质疑授课教师对材料的选择或组织方式。讲述法与等级型思维风格匹配，因为学生们通常不能也不想把老师说的每句话都记下来，所以他们必须有选择地记笔记，把老师讲到的比较重要的内容记录下来。如果老师在课上讲述大量的知识细节，那就会有利于局部型思维风

格，不利于全局型思维风格。

当老师偶尔进行课堂提问的时候，具有司法型或立法型思维风格的学生更有可能受到鼓励，这取决于所提问题的类型。如果老师所提问题需要学生进行分析和判断（例如，美国为什么决定向波斯尼亚派兵？），那就更有可能使具有司法型思维风格的学生感兴趣；如果老师所提问题需要学生进行创造性回答（例如，如果你是克林顿，你会向波斯尼亚派兵吗？），那就更有可能使具有立法型思维风格的学生感兴趣。我们自己对课堂教学的调查研究表明，老师们通常倾向于讲述教学，而不是提出问题让学生思考。[1]

合作学习是指在小组中进行学习。在我的学生时代，它被简称为"小组合作"。通常认为，学生们在小组合作学习中的效果比独自学习的效果更好。对某些人来说，合作学习已经成为一种万能药，斯莱文认为，合作学习的效果比独自学习的效果好，对所有学生来说都是这样。[2] 是吗？

从思维风格理论的角度来看，很少有哪种教学方法是万能药，不可能对每个学生来说都是更好的。平均而言，某种教学方法可能更好，但平均掩盖了个人差异。例如，合作学习可能更受具有外倾型思维风格的学生欢迎，而具有内倾型思维风格的学生则不太喜欢合作学习，因为外倾型风格者喜欢在小组合作，并会积极寻找这种与人合作的机会，而内倾型风格者则可能回避小组合作，更喜欢独自学习。因此，合作学习这种方式，对于内倾型风格者来说是有些痛苦的，对于外倾型风格者来说则是最适合的。

如前所述，重要的是要记住，我们不希望只以一种让学生感到舒适的方式教学。内倾型风格者需要学会在小组中有效地学习，外倾型风格者也需要学会独自学习。因此，这两种风格的学生都需要学会合作学习和独自学习。从风格匹配的角度来看，也从教学方法多样化的角度来看，那种观点（合作学习总是比独自学习更好）似乎是错误的。事实上，对于某些有天赋的孩子来说，合作学习可能不是一种理想的学习方式，因为他们可能会花很多时间来帮助同组的能力较差的同学，而不是把这些时间用在自己的学习上。

项目式学习，鼓励学生们独立开展活动——自己设计科学实验，写自己的故事，创作自己的艺术作品集，或制作历史纪录片。项目式学习往往特别受具有立法型思维风格的学生欢迎，因为学生们可以自己设计要做的项目。项目式学习给学生们留出了很大的创造性表达的空间。如果项目是由几个部分组成的，或者被夹在许多其他任务中，那么具有等级型思维风格的学生往往会做得更好，因为他们会设定优先级，更好地完成这些项目。但如果是诸如硕士或博士论文这样的项目，那么具有君主型思维风格的学生往往会做得更好，为了完成论文，他们可以把几乎所有其他事情暂时放在一边。在写论文的时候，那些完全不具有君主型思维风格的人，往往很难抽出时间完成论文。

在小组温习课上，学生回答老师提出的事实性知识问题（例如，《大宪章》是在哪一年签署的？）。具有行政型思维风格的学生往往在小组或大组温习课上表现更好，他们积极回答问题，给出老师想要的答案。老师们通常没有意识到，在小组温习课上，因为需要当着同学的面回答问题，外倾型风格的学生往往比内倾型风格的学生受益更多。害羞的学生可能不敢在众人面前发言或表现自己。因此,这样的同学可能不会主动回答问题。老师们有时会错误地认为,内倾型风格的学生不知道答案,而事实上,他们只是不敢在小组同学面前发言。

在小组讨论课上,学生们讨论与他们的教育有关的问题。例如,他们可能会讨论两本书的异同,或者一个作家为什么要写那本书。这样的讨论对具有外倾型风格的学生有利,因为他们愿意在小组同学面前发言,也会对具有司法型风格的学生有利,因为他们喜欢分析正在讨论的任何问题。

即使阅读这种教学形式,也不是一种"没有风格倾向"的活动。例如,默读也往往与某种思维风格更匹配。特别是,如果让学生独自阅读,那就更有利于内倾型风格的学生。阅读有利于等级型思维风格的学生,因为学生们通常不可能把读到的所有内容都记住,所以他们需要有选择地筛选并记忆。阅读也有利于行政型或司法型思维风格的学生,这取决于阅读教学的主要目的,是记住事实还是分析观点。如果老师期望学生在阅读中既要记住事实,也要分析观点,那么具有这两种风格的学生都会部分受益。

最后,记忆在很大程度上与行政型、局部型和保守型的思维风格相匹配。它与行政型风格匹配,因为学生需要记住所学内容,并按其呈现的结构来记忆。它与局部型风格匹配,因为学生需要完整地记住所学内容的细节,无论那些细节是什么。它与保守型风格匹配,因为学生需要按老师的讲授、在给定的结构中吸收知识,这种传统教育模式已经持续了几千年。

从上述分析来看,老师们在教学中需要运用多种方法。如果他们只用或主要采用一种教学方法,那就会对一部分学生有利,对另一部分学生不利。在一所典型的主要依靠讲述法的学校里，具有行政型思维风格的学生是最有可能受益的，而在采用小组讨论或与导师一对一讨论这种教学形式的学校里，例如牛津或剑桥，具有司法型思维风格的学生更有可能受益。学生们有时会发现，他们在入门课程中比在高级课程中表现得更好，或者反之。从目前的观点来看，这不仅或者可能根本不是因为课程内容更难或更容易，而是因为入门课程的教学往往更多地采用讲述法，高级课程的教学往往更多地采用研讨课模式。这种教学模式的差异，会使具有不同思维风格的学生受益。理想的情况是，老师应该总是试图确保具有各种思维风格的学生都能平等地受益，这意味着他们会采用多样化的教学方法。

表 7.2 显示了各种成绩评估方法和与之最匹配的思维风格。请注意，不同的评估方法往往对不同的思维风格有利。

表 7.2 思维风格与评估方法

| 评估方法 | 涉及的主要技能 | 与之最匹配的思维风格 |
| --- | --- | --- |
| 简答题和多项选择题 | 记忆 | 行政型，局部型 |
|  | 分析 | 司法型，局部型 |
|  | 时间分配 | 等级型 |
|  | 独自做事 | 内倾型 |
| 论文测验 | 记忆 | 行政型，局部型 |
|  | 宏观分析 | 司法型，全局型 |
|  | 微观分析 | 司法型，局部型 |
|  | 创造力 | 立法型 |
|  | 组织 | 等级型 |
|  | 时间分配 | 等级型 |
|  | 接受老师的观点 | 保守型 |
|  | 独自做事 | 内倾型 |

续前表

| 评估方法 | 涉及的主要技能 | 与之最匹配的思维风格 |
| --- | --- | --- |
| 项目和作品集 | 分析 | 司法型 |
| | 创造力 | 立法型 |
| | 团队合作 | 外倾型 |
| | 独自做事 | 内倾型 |
| | 组织 | 等级型 |
| | 锲而不舍 | 君主型 |
| 面试 | 善于社交 | 外倾型 |

在美国，能力和学业成就测验都大量采用了多项选择题形式。多项选择题形式的考试，对具有行政型和局部型思维风格的学生最有利。试题的结构是预先编好的，应试者必须在该结构内答题，否则就会出错。多项选择题往往会涉及相当具体的细节。简答题形式（例如，美国第三任总统是谁？）也会被广泛使用，这在老师为自己的学生出的考卷里更常见。

多项选择题形式经常受到批评，因为各种各样的原因，例如，在做多项选择题的时候，应试者不能表达自己的想法，也不能超出给定的信息来自由发挥。一方面，这些批评是正确的。另一方面，每种评估形式都有其优点和缺点。例如，多项选择题具有回答速度快、长期可靠、评分客观等优点。问题不在于多项选择题，而在于人们有时只使用多项选择题或任何其他单一的试题类型，来评估学生的学习情况。

如果是需要分析的多项选择题，如数学问题、语言类比题或阅读理解题，那么往往有利于具有司法型和局部型风格的学生。如果老师（或出题机构）给出的试卷题量大，学生们在给定的时间内很难答完，那么会有利于具有等级型风格的学生。他们能够很好地分配时间，在给定的时间内尽量答完更多的题目，所以会取得更好的成绩。最后，多项选择题和简答题往往有利于喜欢独自做事的内倾型风格者，参加这类考试，应试者总是要独自做题的。事实上，在考试中与人合作是会被视为作弊的。

论文测验本身并不会对特定的风格有利或不利。论文测验有利于具有哪种风格的学生，则是取决于如何评分。这一事实意味着，对学生们来说，了解论文的评分标准是很重要的。例如，上大学期间，作为一名本科生，我选了心理学入门课程，第一次考试是论文测验，要求我在给出的题目下面做简短回答。教授没有指出论文测验的评分方法，我错误地认为，在大学阶段的论文测验意味着，教授希望我们进行创造性的思考。事实上，这次测验的评分是从0分到10分，教授想让我们在论文中提到10个要点，每个要点给一分，并不是考察我们的创造性思维。谁能考得好，是由论文测验的评分方法决定的，与论文测验这种形式无关。

论文测验的评分标准，若是偏重于记忆，如我所选的心理学入门课程的论文测验，那往往有利于具有行政型和局部型风格的学生；若是偏重于大概念的分析，那就有利于具有司法型和全局型风格的学生；若是偏重于细节分析，那就有利于具有司法型和局部型风格的学生；若是偏重于创造力，那就有利于具有立法型风格的学生；若是偏重于结构布局，那就有利于具有等级型风格的学生，因为他们最有可能写出层次分明、结构清晰的文章，这种组织结构通常被视为"优秀的写作"。如果论文测验有时间限制，要求学生们在较短的时间内完成，那就有利于具有等级型风格的学生，因为他们最会合理分配时间。如果评分者想要的是，应试者在论文中表达的观点与评分者自己的观点一致，那往往有利于具有保守型风格的学生。最后，论文测验通常是需要学生独自完成的，这往往有利于具有内倾型风格的学生。

项目和作品集（学生的最好的作品集）这种考试形式所注重的风格，往往不同于多选题和简答题考试所注重的风格。正是因为这个原因，在评估学生表现时，使用这两种考试形式是特别有意义的。如果这种考试强调分析，那么往往有利于具有司法型风格的学生；如果强调创造力，那么往往有利于具有立法型风格的学生。如果这种项目需要学生们合作完成，那么往往有利于具有外倾型风格的学生；若是要学生们独自完成，那么往往有利于具有内倾型风格的学生。如前所述，如果强调项目的组织性，那么往往有利于具有等级型风格的学生；如果需要大量的时间投入，那么往往有利于具有君主型风格的学生。

最后，即使是面试，也往往有利于具有某些风格的学生。有时，我们错误地认为，面试在某种程度上是一种特殊的评估形式——它能告诉我们真相，而其他的评估却不能。因此，对于学生的入学申请，我们通常是先阅读书面申请，然后面试，以面试作为最终决定的依据。在招聘员工的过程中也是如此，我们通常是先看简历或书面申请，筛选出合适的人约见面试。在面试中表现最好的人就会被录用。

问题是，面试并不是一种特殊的评估形式，事实上，面试的有效性是非常值得怀疑的。与任何其他形式的评估没有什么不

## 思维风格

同，面试也是有利于具有某些风格的人。一方面，面试官往往更喜欢与自己风格相似的人，正如我们在分析老师与学生的风格匹配中所发现的那样。但另一方面，面试几乎总是有利于外倾型风格者，不利于内倾型风格者。内倾型风格者可能会比较害羞，属于慢热型的，结果是，在面试即将结束的时候，他们可能才开始热情起来。虽然内倾型风格者可能在面试中表现欠佳，但如果不是从事销售或者那种需要对客户或其他人立即表现出热情的工作，内倾型风格并不会影响工作。如果面试有时间限制，相对简短（几乎所有面试都是如此），那往往有利于等级型风格者，因为他们会抓住要点，先讲关于他们自己的最重要的事情。当然，如果面试官想招聘到符合某种模式的人，那么往往有利于保守型风格者。因此，关键是，与任何其他形式的评估一样，面试也有局限性，对其应相应地加以解读。

最后，表7.3显示了教学和评估作业中的不同提示类型会如何与不同的思维风格相匹配。提示如"谁说的？""谁做的？"，对具有行政型风格的学生有利；提示如"比较和对比……"和"分析……"，对具有司法型风格的学生有利；提示如"创造……"和"发明……"，对具有立法型风格的学生有利。老师或家长使用的提示如果大多在某一单列中，那么表明他们往往更看重其中一种风格。理想情况下，所有三列中的提示都应被使用，以便让具有不同风格的学生都受益，并且更平等地受益。通过使用多样化的提示，老师和家长可以使他们教的所有孩子都能平等地受益。

表 7.3　思维风格与教学和评价作业

| 注重的风格 | | |
|---|---|---|
| 行政型 | 司法型 | 立法型 |
| **提示类型** | | |
| 谁说的？ | 比较和对比…… | 创造…… |
| 总结…… | 分析…… | 发明…… |
| 谁做的？ | 评价……. | 如果你…… |
| 什么时候发生的？ | 根据你的判断…… | 想象…… |
| 做了什么？ | 为什么做？ | 设计…… |
| 怎么做的？ | 什么原因？ | 怎么可能？ |
| 重复一遍…… | 假设是什么？ | 假设…… |
| 描述…… | 批判…… | 理想的情况下？ |

## ▶ 学校和其他环境中的思维风格测量

关于学校和其他环境中的思维风格测量，我们可以使用几种方法，有些方法在前面已经描述过了，这里简要提一下。[3]

如本书前几章所述，其中一种测量方法是采用**思维风格量表**（Thinking Styles Inventory）。先给出一个陈述句，如"如果我在做一个项目，我喜欢计划做什么和如何做"（测量的是立法型思维风格），然后由被试用 7 点量表评分，评估这个陈述句与自身情况的符合程度。

第二种测量方法是采用**由学生来完成的一系列与思维风格有关的任务**（Set of Thinking Styles Tasks for Students），它通过表现而不是量表来评定思维风格。在一个题目中，学生阅读一段话的开头，如"当我学习文学的时候，我更喜欢……"，然后在以下几个选项中选择:"用我自己构思的人物和情节,来编我自己的故事"(立法型);"遵循老师的建议,听取老师对作者立场的诠释,运用老师教的方法来分析文学作品"(行政型);"评价作者的风格,批评作者的观点,评价人物的行为"(司法型);"做其他事情(请注明)"(根据实际回答进行评分)。

在这种测量方法的另一个题目中,研究人员向人们展示了一个场景,让他们想象自己是"东北部一个小城市的市长。你今年的城市预算是 100 万美元。你的城市目前面临以下一系列问题。你的工作是决定如何使用这 100 万美元来改善你的城市……"。学生们可以选"毒品问题""道路""垃圾填埋场"和"无家可归者庇护所"。评分是根据资金的分配而定的。选择将所有的资金都用在一个项目上的学生,被认为是具有君主型思维风格的;选择按重要性排序分配资金的学生,被认为是具有等级型思维风格的;选择在各个项目中平均分配资金的学生,被认为是具有寡头型思维风格的;随意选择的学生,被认为是具有无政府型思维风格的。

第三种测量方法是采用**教师思维风格问卷**(Thinking Styles Questionnaire for Teachers),评估教师的教学风格,也就是教师在教学中所偏好的思维风格类型。教师的教学风格可能与教师自己的思维风格一致,也可能不一致。例如,具有立法型思维风格的教师,如果在教学中要求学生接受教师本人的观点,那么这个教师的教学风格就是行政型的。这个问卷的典型陈述句如"我希望我的学生们自己想出解决问题的方法"(立法型)和"有些人呼吁更多更严格的纪律并重用'以往的行之有效的方法',我同意这种观点"(保守型)。

第四种测量方法是**由教师来评价学生的思维风格**（Students' Thinking Styles Evaluated by Teachers）。在这里，由教师（或其他人）对每个学生的思维风格进行评价。教师根据每个学生的情况，来评价其与以下陈述句的符合程度，如"他喜欢以自己的方式解决问题"（立法型）和"他喜欢评价自己的观点和别人的观点"（司法型）。

通过使用多种测量方法，我们能够消除与单种测量方法必然相关联的测量偏差和误差，从而能够更好地聚合，对一个人的思维风格进行更全面的评估。

各种测量方法均显示出良好的心理测量学特性（good psychometric properties）。换句话说，它们符合"好测验"（good tests）的标准。

好测验的一个标准是，它具有高的**内部一致性信度**（internal-consistency reliability）。这个特性是指，一个给定的量表中的所有项目都是真正测量同一个心理学概念（思维风格）。信度取值在 0 到 1 之间，系数值越大，信度越高。已发表的、标准化的量表或问卷通常具有在 0.8 以上的内部一致性信度，尽管量表中的分量表可能具有较低的信度，例如 0.7 或甚至 0.6。我们的**思维风格量表**由 13 个分量表组成，各个分量表的内部一致性信度从 0.57 到 0.88 不等，中位数为 0.82。只有 1 个分量表的信度是在 0.5 至 0.6 之间，有 2 个分量表的信度是在 0.6 至 0.7 之间，还有 1 个分量表的信度是在 0.7 至 0.8 之间，其余的都在 0.8 以上。

在各种思维风格之间，我们发现了一些显著的相关性，无论用哪种测量方法。全局型风格与局部型风格在量表评分上总是呈负相关，立法型风格与保守型风格、自由型风格与保守型风格也是如此。相比之下，自由型风格与立法型风格在量表评分上呈正相关，保守型风格与行政型风格在量表评分上也呈正相关。

这些数据模式从理论上讲得通。我们可以合理地预期，喜欢新奇和新的做事方式（自由型风格）的人，也会喜欢提出自己的新想法，而不仅仅是接受别人的新想法；喜欢传统的、被接受的做事方式（保守型风格）的人，也会喜欢因循守旧，而不是提出自己的想法。

我们还使用了一种称为因子分析（factor analysis）的技术，看看我们得到的数据结构是否与理论假设的结构一致。这里的问题是，各量表之间相互关系揭示的心理结构，是否与理论基础上预期的结构一致。换句话说，统计分析是否证实了理论假设的思维风格？几个因子分析揭示了相似的因子结构。在一个这样的分析中，我们得到了五个因子（潜在的心理结构），提供了一个非常好但不完全的数据解释。

因子 I，遵循结构（Adherence to Structure），对比了自由型和立法型风格与保守型和行政型风格。换句话说，一般而言，具有自由型风格的人倾向于具有立法型风格，具有保守型风格的人倾向于具有行政型风格。具有自由型或立法型风格的人往往不具有保守型或行政型风格，反之亦然。从心理自我管理理论上，这个因子是讲得通的。

因子 II，密切关系（Engagement），包括两个分量表，寡头型风格与司法型风格是反向关系。这个因子是意料之外的。它表明，喜欢设定优先级的人倾向于具有司法型思维风格。

因子 III，范围（Scope），对比了外倾型和内倾型两种思维风格分量表。与因子 I 一样，这个因子是可以预测到的，并且从理论上讲得通。这个因子基本上表明，内倾型风格者和外倾型风格者通常处于一个连续体的两端，而这个连续体在很大程度上与其他风格无关。

因子 IV，水平（Level），对比了局部型和全局型两种思维风格分量表。与因子 I 和因子 III 一样，这个因子是可以预测到的，它表明，局部型风格者和全局型风格者处于一个连续体的两端，而这个连续体在很大程度上与其他风格无关。

因子 V，时间分配（Distribution of Time），仅包括等级型思维风格分量表。它表明，人们在等级型思维风格上的程度是不同的，而且这个程度与其他风格无关。

就模型中的 5 个因子而言，我们可以公平地说，有 3 个因子是可以预测到的，并且与模型一致（I、III、IV），有 1 个因子是没有预测到的，但与模型一致（V），还有 1 个因子（II）既没有预测到，也没有明显与模型一致（虽然它也未必与模型不一致）。因此，统计分析总体上支持这一理论，尽管因子 II 仍然无法解释。

如本书前几章所述，关于思维风格，有许多不同的理论，其中一些理论似乎涵盖了大致相似的思维风格范围。这些风格的区别主要在于，它们所基于的模型，以及风格之间的界线是如何划分的。测量各种思维风格的量表评分是如何相关的？

我们发现，基于心理自我管理理论的思维风格量表的评分，与其他几种有关思维风格的测量方法的评分是相关联的。

思维风格

## 》课堂教学中的思维风格

埃琳娜·格里格伦科和我做了几个项目，对课堂教学中的思维风格进行研究。[4] 在一个项目中，第一项研究侧重于教师，第二项研究侧重于学生，第三项研究侧重于教师和学生之间的互动。我们的研究是在以下几所学校开展的：一个大的城市公立学校，一所著名的非宗教性质的私立学校，一所天主教教区学校，一所强调"情感教育"的前卫的私立学校。

**教师们的思维风格**

在第一项研究中，我们的研究对象是85位教师（57名女性，28名男性），来自四所不同类型的学校（私立学校和公立学校，社会经济地位差异很大），我们发现了一些有趣的效应，与所教的年级、教师年龄、所教的科目以及理念有关。

与高年级教师相比，低年级教师在立法型风格上得分较高，在行政型风格上得分较低。这些发现可能表明，更具立法型风格的人可能更愿意教低年级学生，或者教低年级学生的教师会变得更具立法型风格（或者教高年级学生的教师会变得更具行政型风格）。美国对教师的要求与这项研究发现的模式是一致的：与低年级教师相比，高年级教师必须更严格地按规定课程来教学。

在我看来，对高年级学生的学习和思考的更加一律化的训练，是我们的学校教育的一个不可取的特点。它不利于学生为大学阶段的学习做好准备，更不利于学生为进入职场做好准备，在职场，人们越来越需要具备独立思考的能力。在这项研究中，我们发现，随着学生年龄的增长，学生的年级越高，他们在思考中表现出的自发创造力越少。考虑到学校教育对学生的越来越严的要求,这种自发创造力的减少并不令人惊讶;但这也不会令人感兴趣。

我们还发现,在行政型、局部型和保守型风格上,年长的教师比年轻的教师得分更高。将教师年龄与教学经验的年数分开是不可能的:这两个变量之间有很高的相关性。同样,对于这些发现,可以有两种解释,其中的一种或两种解释可能都是正确的。一种解释是,随着年龄的增长,教师变得更具行政型、局部型和保守型风格;另一种解释是,这种差异是由同辈效应(cohort effect)造成的。

在我看来,这一发现对我们的学校来说可能也不是个好兆头。研究结果表明,教师往往会随着年龄的增长而关注面越来越窄,在思维风格的模式方面,可能会变得更加僵化和专制。这种倾向可能是由于职业倦怠,也可能是由于随着年龄的增长,教师越来越不能容忍背离权威的行为,或是由于代际差异,具体原因目前还不能确定。

此外,我们发现,在局部型思维风格量表上,科学课程教师往往比人文课程教师得分更高,在自由型思维风格量表上,人文课程教师往往比科学课程教师得分更高。这些结果也与我们的经验基本一致。就科学而言,遗憾的是,这项研究的结果表明,科学课程教师在教学中可能更重视科学的局部细节,而不是科学研究的"大图景"(big picture)。这种局部型的教学风格可能不利于学生们为从事科学事业做准备,在科学领域,一流科学家与不太成功的科学家的一个区别就是,前者能够抓住大的、重要的问题来研究。

## 思维风格

我们发现，教师们的思维风格模式也是因学校而异的。而且，就我们所研究的学校类型而言，这种差异通常是有道理的。例如，在立法型思维风格量表上，强调情感教育的私立学校的教师们平均得分最高（6.16分，用7点量表评分）；社区公立高中的教师们平均得分最低。在行政型思维风格量表上，含小学和中学的天主教教区学校的教师们平均得分最高（4.66分）；强调情感教育的私立学校的教师们平均得分最低（2.33分）。在司法型思维风格量表上，偏重学业成绩的著名私立学校的教师们平均得分最高（5.42分）；强调情感教育的私立学校的教师们平均得分最低（4.82分），这所学校是以无偏见（不做评判）为荣的。

在局部型思维风格量表上，公立高中的教师们和天主教教区学校的教师们平均得分最高（分别是4.04分和4.05分）；强调情感教育的私立学校的教师们平均得分最低（2.58分）。在全局型思维风格量表上，天主教教区学校的教师们平均得分最高（5.48分）；偏重学业成绩的著名私立学校的教师们平均得分最低。在自由型思维风格量表上，天主教教区学校的教师们平均得分最高（5.57分），在保守型思维风格量表上，也是天主教教区学校的教师们平均得分最高（3.68分）。这一结果表明，天主教教区学校可能有风格不同的教师群体。公立高中的教师们在自由型思维风格量表上平均得分最低（5.08分），强调情感教育的私立学校的教师们在保守型思维风格量表上平均得分最低（1.84分）。

我们进一步分析了学校理念与教师风格的关系。我们请了一个评分者，这个评分者与每所学校的教师们都不熟悉，由这个评分者根据学校概览、教师和学生手册、目标和目的的陈述以及课程，对每所学校的风格概况进行评分。我们还评估了教师的风格，然后进行对比，看一看学校与教师之间的风格匹配情况。我们按计划进行了 7 次分析，在 6 次分析中，我们发现了显著的效应。换句话说，教师的风格往往与其所在学校的理念相匹配。这要么是因为教师们会选择任教学校，倾向于去与自己的风格理念相适合的学校任教，要么是因为耳濡目染，他们在风格理念上会变得像他们所任教的学校。这再次表明了社会化在思维风格发展中的重要作用，甚至对成年人来说也是如此。

**学生们的思维风格**

在第二项研究中，我们的研究对象是 124 名学生（年龄在 12 岁至 16 岁之间），同样来自第一项研究所提及的那四所学校，我们发现了一些有趣的效应，与人口统计学有关。学生的家庭社会经济地位与司法型、局部型、保守型和寡头型风格呈负相关。与这些结果相一致的观念是，社会经济地位较低的个体具有更强的君主型风格。我们还发现，在家里排行靠后的孩子往往比排行靠前的孩子更具立法型风格，这与过去的发现一致，那就是，头生的孩子往往比排行靠后的孩子更容易接受社会的支配。[5] 最后，我们发现，学生的风格和教师的风格在很大程度上相匹配。虽然对教师来说，教师风格与学校风格的相似性，或许可以从选择任教学校的角度来解释，但对于学生来说，这种解释是难以令人信服的，因为中小学生很少能选择最适合自己的学校。这一研究结果表明了思维风格的社会化。

**教师思维风格与学生思维风格之间的关系**

在第三项研究中，我们探讨了激发我们对这项工作的兴趣的

## 思维风格

一个最初问题：当学生的风格与老师的风格相匹配，而不是不匹配时，学生在课堂上会表现得更好吗？我们对学生的风格和教师的风格进行了评估，结果发现，确实，当学生的风格与教师的风格相匹配，而不是不匹配时，学生的表现更好，教师对学生的评价也更积极。换句话说，如果学生们在思维风格上与他们的教师更相似，学生们就会表现得更好，这与实际的成绩水平无关。

我们还研究了不同学校的学生们在校表现与他们的风格之间的相关性。我们发现，在不同的学校，受奖励的思维风格也不同，而且，这种奖励似乎符合学校的风格特征。在公立学校，从学生们的思维风格上来看，立法型和行政型风格都能显著预测学业成绩（相关系数分别为0.36和0.29），表明有不同的教师群体，他们所奖励的风格也有所不同；等级型风格也能显著预测学业成绩（0.29）。在偏重学业成绩的私立学校，学业成绩的显著预测因子是司法型风格（0.56）、自由型风格（0.58）和寡头型风格（0.55）。在强调情感教育的私立学校，学业成绩的显著预测因子是立法型风格（0.52）、全局型风格（0.42）、自由型风格（0.44）、保守型风格（-0.38，负值表示负相关）和等级型风格（0.48）。在私立的天主教教区学校，学业成绩的显著预测因子是行政型风格（0.51）、局部型风格（0.39）、自由型风格（-0.42，负值表示负相关）、保守型风格（0.49）和等级型风格（0.51）。请注意，相关系数的取值范围是从-1（完全负相关）到1（完全正相关），0表示完全不相关。

由此可见，在不同学校之间，学生们的学业表现与风格的相关性存在着很大的差异，甚至表现在相关的方向上（正相关或负相关）。例如，自由型或保守型风格，可能对成绩的评估有利或不利，这取决于学校。在某些学校，具有全局型风格的学生更有可能取得好成绩，在另一些学校，具有局部型风格的学生更有可能取得好成绩。显然，不同的孩子们会被以不同的方法评价，这取决于他们所就读的学校。

**思维风格与能力在预测学业成绩方面的关系**

在另一个研究项目中，埃琳娜·格里格伦科和我提出了一个不同的问题：当能力被考虑在内时，思维风格对学业成绩还有预测作用吗？[6] 换句话说，我们直接探讨这个最初激发了我们对思维风格的研究兴趣的问题，也就是说，除了能力之外，思维风格能否解释学生们在学业表现方面的显著差异。在这项研究中，我们的研究对象是来自美国和南非的 199 名高中生，我们使用思维风格量表对他们进行测试。我们还基于我的人类智力三元理论，对他们进行了广泛的能力测验。[7] 与传统的能力测验不同，这种测验不仅考察学生的记忆和分析能力，还考察学生的创造和实践能力。而且，我们的测验采用多项选择题和论文两种形式。

学生们的主要任务是在四个星期内学完一门预修课程，就是大学水平的心理学入门课程。这门课的教学方式有多种，可能是强调记忆、分析、创造性或实践能力，具体取决于学生被分配到哪个小组。我们从记忆能力方面，以及分析性、创造性和实践性思维能力方面，对学生们在这门课上的成绩进行评估。

立法型风格和司法型风格与能力测验的分数呈正相关。然而，这种相关性并不明显：就立法型风格而言，它与分析性思维能力的相关系数为 0.17，它与创造性思维能力的相关系数为

0.19；就司法型风格而言，它与分析性思维能力的相关系数为0.15，它与创造性思维能力的相关系数为0.20，它与实践性思维能力的相关系数为0.23。相比之下，行政型风格与能力测验的分数呈负相关，它与分析性思维能力的相关系数为-0.15，它与创造性思维能力的相关系数为-0.16。

这门课的学业成绩包括两个部分，结课考试和独立的课题（论文）。在预测学业成绩方面，思维风格也显示出一些类似的相关模式。立法型风格与学业成绩有显著相关性，它与结课考试成绩的相关系数为0.14，它与独立课题论文成绩的相关系数为0.17。司法型风格与学业成绩有显著相关性，它与结课考试成绩的相关系数为0.18，它与独立课题论文成绩的相关系数为0.15，它与作业质量的相关系数为0.21。行政型风格与独立课题论文成绩呈负相关，相关系数为-0.18。

我们现在转向这项研究的基本问题：在考虑能力之后，思维风格对这门课的课程表现是否有显著的预测作用？答案是肯定的。就预测学生在分析性任务方面的表现而言，立法型风格和司法型风格都有显著的预测作用（β值分别为0.11和0.09，β值是衡量重要程度的权重系数）；行政型风格有显著的预测作用，但它是负向预测作用。就预测学生在创造性任务方面的表现而言，司法型风格和行政型风格都有预测作用，司法型风格有正向预测作用，行政性风格有负向预测作用。就预测学生在实践性任务方面的表现而言，司法型风格有显著的预测作用（β值为0.17）。

我们还可以看到，正如我们所预测的那样，不同的评估形式对不同的学生有利。我们发现，结课考试这种评估形式，对具有司法型风格的学生最有利，对具有立法型和全局型风格的学生最不利。独立课题这种评估形式，对具有行政型风格的学生最不利，对具有无政府型风格的学生也不利，对具有立法型风格的学生最有利。这些结果与我们的预测基本一致。

总之，在考虑了能力之后，思维风格对学业成绩还有显著的预测作用。如果我们不仅考虑学生们的能力水平和模式，而且考虑他们的思维风格特征，我们就会做得更好。

# 第8章
## 关于风格的理论和研究简史[①]

如果让数学家们当会计师，大多数数学家会成为糟糕的会计师。但是为什么呢？他们缺乏数学能力吗？显然不是。在大多数情况下，他们在任何数学能力测验中都能得到最高分或接近最高分。此外，他们之所以能够成为数学家，只可能是因为他们在数学上取得了很高的成就，所以他们不是那种自身能力无法实现的人。相反，数学家与会计师似乎在思维风格上有很大的不同。他们喜欢解决的问题是完全不同的。例如，很少有数学家愿意学习税法，也很少有会计师愿意花时间做数学证明。如果让数学家与会计师互换工作的话，他们可能有能力也可能没有能力做好彼此的工作；很明显的是，这两种工作在风格上的要求是有天壤之别的。

人们之所以对风格这一概念产生了研究兴趣，部分原因是，人们认识到，传统的能力测验只能在一定程度上解释为什么人们

---

[①] 这一章是本书作者与埃琳娜·格里格伦科合作撰写的。

的表现不同,无论这种表现是在数学方面还是其他方面。关于人们的表现如何不同以及为何不同,如果能力差异这种解释是不完全的,那么另外一部分答案是什么?

当然,一种可能的答案是人格。人格障碍者很可能表现不好,无论是在学校还是在工作中。但人格似乎也不是全部的答案。例如,两个人可能是同样的尽责,但他们想在不同的领域和以不同的方式尽责。对风格感兴趣的理论家们,就是在能力和人格这两者之间的界面上寻求答案。

人们越来越多地认识到这种界面的重要性。情绪智力的概念是这种界面的一个例子。[1] 社交智力的概念是这种界面的另一个例子。[2] 不过,就风格而言,我认为保持这两者(能力和风格)之间的区别是很重要的。情绪智力可能代表也可能不代表一组能力。风格不是代表一组能力,而是代表一组偏好。这个区别很重要。因为能力与偏好可能相符,也可能不相符,例如,有些人想成为创意作家,但却没有能力想出有创意的点子。

关于风格,如果我们想先了解一下人们已经做过哪些研究工作,我们或许可以从查词典开始。根据《韦氏新世界词典》(*Webster's New World Dictionary*),风格(style)是"一种独特的或有特色的方式……或者表现或行动的方法"。更具体的术语,**认知风格**(cognitive style),是指个人处理信息的方式。这个术语是由对解决问题和感官与知觉能力进行研究的认知心理学家们提出来的。这种研究为各种独特风格的存在提供了一些初步证据。

风格得到的关注远远少于其应得的关注,在人们的正常工作和生活中,风格发挥重要作用。那些被认为是由能力造成的成功和失败,往往是由风格引起的。我们应该对风格有足够的重视,即便只是因为,与能力相比,风格更容易被塑造。那么,理论家和研究者们从风格研究中学到了什么呢?

## ▶ 以认知为中心的风格

在 20 世纪 50 年代和 60 年代初,一场运动引人注目,其核心是,在认知研究(例如,我们如何感知、如何学习、如何思考)和人格研究之间,风格可以架起一座桥梁。这场运动被称为认知风格运动。人们提出了许多不同的风格,这些风格似乎都是更接近于认知,而不是更接近于人格。

**场依存性和场独立性**

你是否注意到,有些人似乎很容易找到被暂时放错了地方的物体,而另一些人却找不到?例如,丢失的耳环,被错放在桌子上,一个人可能盯着耳环,却视而不见,无法辨认出与其他东西混杂在一起的耳环;另一个人则立刻就看到了被乱放在桌子上、与其他东西混杂在一起的耳环。一般来说,第一种人可能发现不了那种近在眼前的不显眼的东西,而第二种人则能发现。在战争中,对于一个步兵来说,作为第二种人是有好处的,如果他想把敌人的伪装与背景区分开。但在其他时候,比如在欣赏一幅画时,注意到从背景中突出的东西,则可能会令人扫兴。这两种人到底有什么区别,他们是如何感知事物的?

赫尔曼·威特金提出,根据人们对自己所处的场或周围的环境线索的依赖程度,可以将人们分为两类。[3] 有些人是场依存性的,高度依赖环境线索,另外一些人则是场独立性的。

举例来说，场独立性的人在飞机上不用看窗外，就能感觉到飞机是在平飞（与地面水平）还是以一定角度飞行；而场依存性的人则需要从飞机窗口向外看，才能确定飞机相对于地面的角度。看到一幅复杂的图画，场独立性的人能发现其中隐藏的图形或形状，例如隐藏的三角形；而场依存性的人则很难将隐藏的图形与其周围背景区分开来。因此，场独立性的人，是能从桌子上的一堆东西中找到耳环的人，也是能把敌人的伪装与其周围的自然环境区分开的人。

威特金和他的同事们编制了两种测量工具，来测量场依存性与场独立性这一对概念，所测量的与上面描述的类似。在施测方式以及需要被试做什么方面，这两种测量工具都有很大的不同。[4]

场独立性和场依存性这种现象是一种风格，还是一种能力？为了将一个风格概念归类为一种风格，它必须不同于一种能力。如果风格和能力是一回事，一个风格概念就是多余的。威特金和他的同事们的研究表明，他们所测量的场依存性和场独立性，与语言能力（通过标准智力测验衡量的）不同。然而，场依存性和场独立性这一对风格概念，似乎确实与能力有混淆。[5]

互补的一对风格中，如果其中的一种似乎**总是**更好，人们就可能把这个风格与能力相混淆。如前所述，在给定情况下，一种风格可能比另一种风格更好，但平均而言，风格不应该有好坏之分，而是可能与不同的环境匹配得更好或更差。

就场依存性和场独立性这一对认知风格而言，场独立性似乎总是更好的。如果你能在一个特定的环境中更好地定向，你肯定会更有优势：无论在什么环境中，具有场独立性这种风格都不会使你处于劣势。如果你是一名飞行员,你肯定想要能更好地定向!同样,如果你能找到隐蔽在周围环境中的东西,无论是丢落在房间里的钥匙、掉在地上的耳环,还是俗语说的草堆寻针,你都会更有优势。如果一种行为倾向总是比与之相对的倾向更好,这种倾向似乎就具有一种能力的特性,而不是一种风格的特性。

最后,场依存性与场独立性的测验有点像能力测验:答案有对错之分,并且题目的"难度"可以根据被试正确回答的问题的数量来计算。听起来确实像是一种能力!事实上,有大量的研究数据支持这种解释。

对20项研究的回顾表明,场独立性始终与语言智商和操作智商相关,这种相关性是中等程度的(相关系数为0.40至0.60,取值从0到1,0表示完全不相关,1表示完全正相关)。[6]后来,一项特别细致的研究表明,场独立性基本上等同于空间能力—在头脑中想象一个物体在空间旋转的能力、在一个陌生的城市中找到方向的能力,或者把行李箱放进汽车后备厢的能力。[7]因此,目前有大量的研究证据表明,场独立性等同于空间能力。

**等值范围**

有些人倾向于把非常不同的事物视为几乎相同的。另外一些人则倾向于把非常相似的事物视为非常不同的。研究者们用几个不同的名称,来描述行为分类中的这种不同。[8]我在这里使用的一个名称是等值范围(equivalence range)。另一个名称是平稳型(leveling,将各种事物视为相似)与敏锐型(sharpening,将各种事物视为不同),还有一个名称是概念分化(conceptual differentiation,窄与宽)。我倾向于有一个相对较宽的等值范围

（将各种事物视为相似），而其他人可能有一个较窄的等值范围（将各种事物视为不同）。具有宽的等值范围的人，其优势是，能看出事物之间的关联，而其他人可能看不出这种关系；缺点是，可能会忽略区分一个事物与另一事物的重要差异。[9]

等值范围这一概念似乎应被认定为一种风格，只要它被用来衡量偏好而不是能力。几乎所有的心理学家都认为，随着年龄的增长和认知能力的提高，人们区分事物的能力也会增强。例如，对于一个非常小的孩子来说，"小狗狗"（doggie）可能不仅包括狗，还包括猫和家庭驯养的其他小动物。

此外，当人们成为一个领域的专家时，他们就能比以前更精细地区分某些事物。例如，一个新手可能分不清各种各样不同类型的野花，一个专家则可以区分开这些野花；同样，在观看象棋棋局时，一个新手分不清各种局面，一个有经验的棋手则能说出特定的局面。因此，等值范围似乎是一种风格，只要它衡量的是偏好，而不是某种认知的复杂性。[10]

接下来考虑一种相关的风格，范畴幅度（category width），它也是考察人们对事物的区分是更宽泛或更精细，但是从不同的角度来看。

### 范畴幅度

在 10 年期间，年降雨量的范围是多少？殖民时期所建的那些房屋，窗户宽度的范围是多少？鲸鱼的体长范围是多少？关于这些问题或类似问题，没有人可能给出确切答案。不管怎样，对于认知风格的理论家来说，回答的准确性并不是问题所在。相反，他们感兴趣的是，当被问到窗户宽度或鲸鱼体长的时候，被试给出的估计值的范围。当人们被要求估计范围时，有些人总是倾向于给出宽泛的估计，而另一些人则倾向于给出相对狭窄的估计。估计高或低的倾向，可以作为一种指标，测量范畴幅度。[11]

上述几道题都选自C-W量表（C-W Scale），这个量表是测量范畴幅度的一种方法。[12]其目的是，衡量人们倾向于把范畴看得相对较宽或相对较窄的程度。

人们在范畴幅度量表上的得分并不完全一致，因为正如前面所提到的那样，风格会因任务和情境而异。因此，被试给出的答案，可能会受时间和情绪状态的影响。[13]但通常情况下，一致性比差异更突出。

范畴幅度可能会有特别有趣的含义，如果研究者不仅让被试对物体长度范围进行估计，而且让被试对心理学方面的变化范围进行估计。例如，在佛蒙特大学，学生们的SAT分数范围是多少？在佛罗里达大学的呢？在耶鲁大学的呢？也许更有趣的是，范畴幅度较宽的人，不仅会给出更大的变化范围，而且认为允许有更大的变化范围——例如，他们认为，佛蒙特大学（或者佛罗里达大学，或者耶鲁大学）会在很宽的SAT分数范围内招收学生，这些学生在大学里的学习都不会有困难。范畴幅度的这一方面是值得研究的。

**概念性风格**

以下三项中，哪两项在一起最合适：鲸鱼，鲨鱼，老虎？以下三项中，哪两项在一起最合适：飞机，鸟，火车？显然，像这样的测验问题，没有正确的答案。[14]具有不同概念性风格的人，会选择不同的答案，取决于他们如何对概念进行分类。

### 冲动型-沉思型

你是否记得,当你还是个孩子的时候,你必须尽可能快地解答大量(多达数行甚至数页)的算术题?这样做的目的是,让你把算术中的四则运算牢记在心,永远不会忘记它们。或者你上过打字课,做过计时打字练习吗?这两种情况的共同之处是,在分配给你的时间内,你该做的事情比你能保证质量完成的事情更多。面临这种情况,你有一个选择:你会不求速度重质量,宁愿少做一些事情,但是确保自己做的事情不出差错?还是,尽可能多做一些,尽管你认识到自己可能会出错?

杰罗姆·凯根指出,在这类任务上,人们往往具有始终一致的风格。[15]凯根称这种风格为**冲动型-沉思型**(impulsivity-reflectivity)。冲动型风格的人,完成的任务较多,但允许自己犯错误;沉思型风格的人,完成的任务较少,但会更小心,在他所做的事情上不犯错误。在这方面,个人通常不会有意识地做出选择,而是自然而然地去做。

我认为,我知道自己在这方面的倾向:在九年级,开始上打字课的第一天,我的打字速度就达到了每分钟77个单词,这令我的同学们惊叹不已。可惜,当然也很遗憾,在给我们算打字速度的时候,每犯一个错误,老师就会在我们每分钟打出的单词数上减去10个单词,所以我的最后分数是负数,大约是每分钟-87个单词——老师所期望的与我所做的肯定是不匹配的。[16]

关于冲动型-沉思型风格,一些研究表明,这种风格相对稳定,一般不会随着时间和任务的变化而变化。此外,孩子们在语言能力上的表现也与冲动型-沉思型风格有关,冲动型风格的孩子在读文章的时候出错更多，在系列回忆测验中会犯更多的错误（当被要求回忆一串按顺序排列的数字时，他们更有可能记错一个数字或者弄错顺序），在需要归纳推理或视觉辨别的问题上更有可能答错。相比之下，沉思型风格的孩子在单词识别测验、系列学习和归纳推理方面出错较少。[17]

沉思型风格的人与冲动型风格的人之间，似乎也存在人格差异。冲动型风格的人往往不在乎出错，对出错的焦虑程度很低，倾向于急于求成，而不是避免失败，对自己的表现没有高要求，缺乏完成任务的动力，不太关注对刺激的监控。[18]

### 其他认知风格

人们还提出过其他几种认知风格，我将在这里做一个简要介绍。

一种风格是**区隔化**（compartmentalization），它是指一个人在多大程度上倾向于将想法或事物划分成不同类别。区隔化的人喜欢把事物归类，放在有标签的盒子里。[19]

我所学的专业是认知心理学，我是一名认知心理学家——应该研究人们如何思考。但我的研究兴趣很广泛，我的研究工作涉及很多领域。有一次，我和一位非常著名的认知心理学家交谈，他突然对我说："你不是认知心理学家。"这句话似乎与我们正在交谈的内容无关，但他确实显得很不高兴。关于认知心理学家应该研究什么，他有一些僵化的概念，因为我不墨守成规，所以他认为我不是认知心理学家。他并不是特别不寻常，有很多人像他一样。他们最看不惯那些不墨守成规或者突破条条框框的人。

区隔化可以帮助人们组织他们的世界，但也可能导致他们变得相当僵化。例如，在谈判中，区隔化往往导致谈判停滞不前，无果而终。只要以色列人把巴勒斯坦人或多或少都视为坏人，或者巴勒斯坦人以同样的方式看待以色列人，巴以之间的谈判就不会有任何结果。南斯拉夫的和平谈判也是如此。耶鲁大学及其工会每隔几年就进行一次谈判，就像在这类谈判中经常发生的情况一样，谈判双方都会越来越相信自己的立场。但是，一旦其中一方或另一方被区隔化，那就几乎不可能在解决矛盾方面取得进展。

另一种风格是**概念整合**（conceptual integration），它是指一个人倾向于将各个部分或概念联系起来，以形成有意义的整体。[20] 佩里·梅森是一个概念整合者，夏洛克·福尔摩斯也是。医生会试图把一个患者的各种症状整合，形成有意义的模式，以便做出诊断，所以这样的医生也是概念整合者。但也有很多人不是概念整合者，他们并不需要把各个部分整合在一起。他们一辈子都是这样，只看到不同的概念和不同的事件，而不考虑它们之间的关系，瑞文·弗厄斯坦称之为对现实的偶发性认识（an episodic grasp of reality）。[21] 请注意，我们在这里讨论的是风格，而不是能力。问题不在于一个人能够把各个部分整合得多好，而在于他有多想把它们整合在一起。

第三种认知风格是**对非现实体验的容忍**（tolerance for unrealistic experiences）。[22] 这种风格指的是，一个人愿意在多大程度上接受和报告与我们所知道的传统现实体验不同的体验。这种风格可以有几种形式。例如，对非现实体验的容忍较高的人，可能会喜欢致幻类药物的效果，而对非现实体验的容忍较低的人，则不会尝试致幻类药物。有些人热衷于接受那种可以将他们带入幻想世界的虚拟现实体验，而另外一些人则不喜欢那种体验。

最后，第四种风格是**扫描**（scanning），根据加德纳和莫里亚蒂的说法，扫描这种风格指的是，一个人在多大程度上试图验证自己做出的判断。[23] 正如加德纳和莫里亚蒂所定义的那样，扫描显然是一种风格，而不是一种能力——它指的是寻求验证，而不是验证的质量。但很明显，在扫描风格量表上，得分较高比得分较低更好，因此，与大多数认知风格相比，扫描这种风格更像是一种能力。当我们验证自己的判断时，我们都会受益。

**对以认知为中心的理论的评价**

认知风格理论是第一次尝试（试图找到介于能力和人格之间的界面），也是一次令人印象深刻的尝试。这方面的许多研究都是在很多年以前完成的，我们很难用当前的标准来判断早前的研究。然而，对上述各种认知风格，人们目前的研究兴趣已经减弱，我们有必要试着理解其中的原因。[24] 与此同时，我们必须把这些理论放在其历史背景下来看待，并认识到批评理论要比提出理论容易得多。没有哪种心理学理论是不会受到批评的，即使对心理学领域影响最大的那些理论，也是会受到批评的。

主要原因如上所述。这些风格似乎与能力过于接近。比如说，场独立性风格是不是总比场依存性风格更好，沉思型风格是不是总比冲动型风格更好？内森·卡根建议，我们可以通过将这些认知风格分为三种类型来解决这个问题，具体取决于它们与能力领域的距离（I 型风格与能力领域距离最近，III 型风格与能力领域距离最远）。[25] 但这种分类法似乎更多的是认识到问题的存在，而不是解决问题。当认知风格与能力过于接近时，不可避免地，一种风格会被认为总体上比另一种风格更好，这似乎与认知风格的整个概念背道而驰。

我们还注意到了其他问题。第二个问题是，在风格上将人们划分为不同的类别，有时似乎有些武断，它当然不是一分为二的，并不像一些理论家建议的那样。人们可能会在不同程度上表现出冲动型或沉思型风格，而不是仅仅表现出一种或另一种风格。研究者可以通过量表评分，从中间分数划分，把人们归入不同的群体，但这并不能消除两个群体中存在的个体差异。

第三个问题是，缺乏任何组织理论或模型，来理解各种风格之间的关系。每一组风格都是单独存在的，没有任何统一的框架把它们联系在一起，比如说，把场独立性风格与范畴幅度风格联系起来，或者把范畴幅度风格与沉思型风格联系起来。在这方面，关于风格的文献与大多数心理学文献不同，比如说，在关于能力的文献或人格特质的文献中，都会有一个相对完整的分类框架。

## 以人格为中心的风格

第二次的认知风格运动也试图理解风格，但在某种程度上更像是对人格的概念化和测量，而不是对认知的概念化和测量。我将在这里提及其中的两个主要理论。

**心理类型理论**

第一个理论源于卡尔·荣格的著作，迈尔斯母女对之进行了解释。在这个理论中，类型系统被分为四个维度。[26] 第一个维度是，我们对待他人的态度。**外倾型**（extroversion）的人外向友好，对他人和外部环境感兴趣；**内倾型**（introversion）的人注重自己的内心体验。第二个维度涉及知觉功能（perceptual functions）。**直觉型**（intuitive）的人倾向于从整体上感知环境刺激，并专注于意义而不是细节；**感觉型**（sensing）的人则是现实而准确地感知信息。第三个维度涉及判断。**思维型**（thinking）的人，在判断中注重逻辑性、分析性和不带个人色彩；**情感型**（feeling）的人，在判断中注重价值观和情感。第四个维度涉及对信息的解释。**知觉型**（perceptive）的人，往往更依赖于环境中的信息，总希望获得更多信息；**判断型**（judging）的人，往往在没有获得足够信息的情况下就会做出解释。

这一理论是最详尽的理论之一，将人们在四个维度上的偏好加以组合，一共可以组成16种人格类型。我们来考虑如下两种类型。

一种类型，ISTJ（内倾、感觉、思维和判断）型的人被认为是严肃和安静的，通过专注和一丝不苟，来获得成功。他们被认为是务实的、有序的、实事求是的、现实的、可靠的，对于外在生活，他们更多的是靠思维，对于内在生活，他们更多的是靠感觉。另一种类型，ENTJ（外倾、直觉、思维和判断）型的人被认为是真诚、坦率、果断的，在活动中是领导者。他们真正关心别人的想法和愿望，并努力在处理事情时适当地顾及别人的感受。[27] 对于外在生活，他们更多的是靠情感，对于内在生活，他们更多的是靠直觉。[28]

*144* 这一理论可能是所有风格理论中应用最广泛的。它被广泛应用在商界和教育等领域。[29] 这一理论及测验在应用中的有效性是值得商榷的。最近的一篇综述表明，该测验在目前的应用中是不可靠的。

**心智风格的能量理论**

安东尼·格里乔克基于人们对时间、空间的不同组织方式，提出了一种不同的、更简单的风格理论。[30] 在空间上，它可分为**具体型**（concrete）或**抽象型**（abstract）。具体型的人更喜欢处理客观存在的信息，抽象型的人更喜欢隐喻性的表达。在时间上，它可分为**有序型**（sequential）或**随机型**（random）。有序型的人喜欢以逐步的和有秩序的方式呈现事物，随机型的人喜欢以更随意的方式呈现事物。

像迈尔斯一样，格里乔克编制了一个风格量表，将人们分为四种类型，并描述了每一种类型的人的可能特征。例如，具体－有序型的人追求有序、实用和稳定。这种人注重现实和具体事物，并通过感知来验证想法。相比之下，抽象－随机型的人更喜欢情感和脱离具体事物。这种人注重自身感受和情绪体验，并倾向于通过内心的引导来验证想法。

**对以人格为中心的理论的评价**

像以认知为中心的理论一样，以人格为中心的理论，也受到了各种各样的批评。同样，我们需要记住，所有的理论都可能会受到批评，不管它们有多好或多有用。

与以认知为中心的理论相比，以人格为中心的理论更为全面。但是，关于以人格为中心的风格，测评量表所得数据背后的结构的统计分析，对这些理论只能提供褒贬参半的支持。[31] 因此，尽管这些理论可能很有吸引力，但它们的结构验证并不像人们所希望的那样好。

第二，就像认知风格与能力过于接近一样，由以人格为中心的理论而来的风格，似乎与人格特质过于接近。事实上，人们可能很难将 MBTI 与传统的人格问卷区分开来。

第三，虽然理论家们认识到，风格可能会因任务和情境而异，但是在这些理论中，有一种将人"类型化"的倾向，正如迈尔斯－布里格斯类型指标（Myers-Briggs Type Indicator）名称所示的那样。这两种理论都描述了某些类型的人，将人们划分为不同的类型。但实际上，人们不可能像心理学家通常希望的那样容易被归类。至少，大多数人比心理学理论所认为的更灵活。

## 以活动为中心的风格

与以认知或人格为中心的理论相比，以活动为中心的风格理论更具行动导向。它们更倾向于以人们在不同的生活阶段（如上学和工作）参与的各种活动为中心。

### 学习风格

学习风格理论关注人们喜欢如何学习。我在这里描述两种理论。

科尔布提出了一种主要应用于学校环境的学习风格理论。在这一理论中，他把学习风格分为四种类型：聚合型、发散型、同化型、顺应型。[32]

**聚合型风格的人**（converger），往往是抽象的概念化者，并且对主动实验感兴趣。他喜欢使用演绎推理，并专注于具体问题。与聚合型风格的人不同，**发散型风格的人**（diverger）更喜欢具体的经验和反思观察；他对人感兴趣，在处理事情和与人打交道时，往往富有想象力和情感。**同化型风格的人**

(assimilator)，往往是抽象的概念化者和反思观察者。他喜欢创建理论模型，并使用归纳推理将不同的观察结果同化为一个完整的解释。同化型风格的人，对抽象的概念感兴趣，而不是对人感兴趣。**顺应型风格的人**（commodator），喜欢具体的经验和主动实验，也喜欢冒险。通过学习风格量表（Learning Style Inventory，LSI），可以确定学生具有哪种学习风格。[33]

邓恩夫妇的理论是在教育领域中广泛应用的另一种学习风格理论。根据邓恩夫妇的理论，学习风格可以分为四大类，包括18种不同的风格：环境类（声音、光线、温度、教室设计），情感类（动机、坚持、责任、结构），社会类（同伴、自我、配对、团队、成人、多样化），生理类（知觉、吸收、时间、灵活性）。[34]难以解释的是，为何选择这18种不同的风格，甚至很难解释，为什么它们被称为风格。它们更多的是指影响一个人学习能力的因素，而不是指学习风格本身。

科尔布和邓恩夫妇的理论主要应用于教育界。霍兰德提出的一种理论，主要应用于职业选择方面。[35]这一理论是斯特朗职业兴趣量表（Strong Vocational Interest Blank，SVIB）的基础，它明确了人们在选择职业时应该考虑的五种风格：现实型、研究型、艺术型、社会型、企业型。在这些量表上的得分，将帮助被试缩小职业选择范围，选择与他们偏好的风格相匹配的职业。

## 教学风格

虽然这本书的重点是关于思维和学习风格，但值得一提的是，人们对教学风格也有所研究。由于不同的学习者对不同的教学风格会有不同的反应，这些风格变得尤为重要。对一个学习者有效的一种教学风格，可能不适用于另一个学习者。

亨森和伯斯威克提出了一种关于教学风格的理论。[36]他们将教学风格分为六类。在**任务导向型**（task-oriented）的教学风格中，教师给学生布置与适当材料相关的计划任务。在**合作计划型**（cooperative-planner）的教学风格中，教师和学生共同策划教学活动，尽管基本上是教师说了算。在**儿童中心型**（child-centered）的教学风格中，任务结构由教师提供，学生根据自己的兴趣从中选择。在**学科中心型**（subject-centered）的教学风格中，教师负责教学内容的计划和结构，学生几乎被排除在这个过程之外。在**学习中心型**（learning-centered）的教学风格中，教师对学生和课程内容表现出同等的关注。在**情感兴奋型**（emotionally exciting）的教学风格中，教师试图使其教学尽可能地给学生以情感刺激。请注意，这几种类型的教学风格，它们之间并不是互相排斥的。教师可以把这几种风格相互结合使用，这样可能是最有效的。

## 总结

对于风格，人们的兴趣仍然很大，至少在某些圈子里是如此。其原因就是，人们认为风格是存在的，它们能解释能力所不能解释的表现差异，而且它们在各种现实环境中（比如学校、工作场所，甚至是家庭）可能很重要。任何一种理论，都可能会被挑出毛病，包括这里将要提出的理论。但是，在下一章提出的理论是一种尝试，试图解决过去的那些风格理论中存在的一些问题。

关于风格，有各种理论，尽管这些理论各不相同，但它们有一个大致相同的基础。也许，它们最大的不同之处在于，在我们的生活中，它们对我们有多大用处。因此，尽管我希望读者们接受这本书中提出的理论，但我最看重的是，读者们认识到风格的重要性，无论他们接受哪种或哪些风格理论。例如，如果一位上司或教师从这本书中了解到，一个下属或学生做得不好不是因为缺乏能力，而是因为其个人风格与上司或教师的期望不匹配，那我就很满足，这就是我写本书的主要目的。接下来，让我们探讨一下心理自我管理理论，我希望你会认为这是一个有用的理论。

# 第 9 章
# 为什么是心理自我管理理论?

　　心理自我管理理论是本书所描述的风格理论。这个理论有一个基本的假设,那就是,我们在这个世界上所拥有的政府,不仅仅是武断的或随机的建构,而且在某种意义上,它们是思想的反映。换句话说,它们反映了人们组织或管理自己的不同方式。那么,从这个观点来看,政府在很大程度上是个人的延伸:它们代表着集体可以自我组织的不同方式,就像个人一样。

　　在详细讨论之前,我们从直观的层面,简单地考虑一下这个概念。先举个例子,杰克是一名高中生,在学校表现很差。智力测验表明,他的智力高于平均水平,所以他并不缺乏能力,无论他的问题是什么。细心观察杰克的人们都会惊讶地发现,一方面,他很聪明,另一方面,他有某种内在的混乱。他的注意力集中在任何一件事上的时间都很短,一次很少超过几分钟。即使在谈话中,他也总是东拉西扯,从一个话题转到下一个话题,然后又转到另一个话题。他的写作,就像他的交谈一样,也是杂乱无章，思路混乱。就算他记得做作业，由于他把时间安排得很糟糕，他的大部分作业完不成。杰克在学校里很叛逆，似乎把学校视为监狱。如今，人们很容易给他贴上ADHD（注意缺陷多动障碍）标签，但他并不是注意力缺陷，只是注意力不集中，而且他也没有多动。用政府比喻来说，他似乎是一个无政府型风格的学生。还有很多其他学生也是如此，由于不能很好地适应学校或其他组织，他们会被错误地贴上ADHD的标签。

杰克的注意力分散在很多事情上，玛丽亚则只专注一件事。玛丽亚已下定决心，她要成为一名医生，她所做的几乎每一件事都是为这个目标服务的。在她的生活中，这个目标比任何事情都重要。她专心学习科学课程，其他课程也学得不错，为的是在报考医学院时不会因成绩拖后腿。她在一家医院做志愿者。她整个暑假都在医学实验室实习。为了不干扰自己的计划，她很少抽出时间与朋友相处。在她的生活中，一切事情都服从于这一目标，就像在君主制政体中，所有人都服从于君主一样。她具有君主型风格，对她来说，最重要的就是，升入医学院，以便成为一名医生。

杰克和玛丽亚是相当极端的例子，但其他人也会表现出与杰克和玛丽亚相同的许多特征，只是程度不同。把思维比作一个政府，或使用任何比喻，都是为了帮助我们理解，人与人之间的差异是在哪些维度上，以及这些维度如何影响他们的行为。因此，让我们进一步探讨这个比喻。

政府多种多样，可以有各种功能（例如，立法、行政、司法）、各种形式（例如，君主、等级、寡头、无政府）、各种水平（例如，全局、局部）、各种范围（例如，内倾、外倾）、各种倾向（例如，自由、保守）。同样，在风格上，也需要考虑到这些不同方面。因此，我们说，杰克是"无政府型风格者"，玛丽亚是"君主型风格者"。

为什么要选择政府作为一个比喻呢？为什么我们还需要关于风格的新理论？有什么新理论能解决旧理论解决不了的问题？让我们再看看第8章中总结的，各种风格理论中存在的一些问题，但现在要根据新理论中提出的政府比喻。

**1. 在各种风格理论之间，甚至在同一种理论中，通常都没有统一的模型或比喻来整合各种风格。** 在我们所回顾的那些理论中，没有哪种理论有一个强有力的统一模型。例如，各种认知风格通常是被单独提出的，然后通过各种风格的量表分数之间的统计相关性，来试图将它们联系起来。格里乔克的风格模型，具有时间和空间这两个基本维度，但这些维度似乎并不能独特甚至并不能明确地引出他所提到的风格类型。例如，具体型和抽象型风格，并不是与空间维度紧密相关的，或者至少，从空间维度还能引出其他风格类型。

在心理自我管理理论中，有一个明确的组织模型或比喻，就是把思维比作一个政府。这一理论中的所有风格都与政府的各个方面相对应，毫无疑问，从这个比喻，我们还可以增加其他风格。因此，在这一理论中，关于人们是什么样的，以及人们的哪些方面形成了风格，都有一个统一的概念。此外，政府是众生的创造，它是我们为了组织我们的生活而创造的。风格也是如此，它们是我们组织对世界的认知以便理解世界的方式。

比喻是最有用的，当它们作为引导而不是作为约束的时候。换句话说，比喻应该被认真对待，同时，比喻是类似性的。在一个比喻中，客体与主体不是完全相同的。就像所有的类比一样，两者既有共同点，也有不相似点。罗纳德·里根可能是美国总统中的傲慢牛仔（swashbuckling cowboy），但他并非真的是一个傲慢牛仔。[1]将大脑比作计算机，或许有助于理解大脑，但大脑不是计算机，计算机也不是大脑。因此，我们需要将比喻视为引导，但不要过于按字面去解释它们。

**2. 有的风格类型似乎与能力过于接近。**当我们谈论政府的各个方面时，能力的概念并不适用。例如，内政（对内事务）并不比外交（对外事务）更好，政府的司法功能也不比立法功能更有价值或更没有价值。政府需要处理内政和外交事务，也需要行使立法和司法功能。因此，如果我们从政府做什么的角度来考虑风格，我们就不会遇到能力陷阱，不会像场依存性与场独立性风格那样，与能力过于接近。

当然，我们可以将价值体系应用于任何事物，使其显得更好或更差。政府也不例外。例如，我们可能更喜欢通常出现在民主政体中的权力更分散的中央政府，而不喜欢在君主制政体中的高度集中的权力。但是，君主制政体会有什么优势吗？具有"君主型风格"的人会有什么优势吗？我认为君主型风格者会有优势。

再以玛丽亚为例。也许她的朋友们感到不安，因为她的朋友们想和她一起玩，但她总是没时间。也许她的父母为她担心，担心她学习太辛苦；也许玛丽亚自己也担心，觉得自己太注重升入医学院了。与此同时，如今要考上一所排名靠前的医学院，也并非易事。当玛利亚和她的朋友们申请医学院时，玛利亚很有可能会有优势。为了被自己心仪的医学院录取，她将会付出百分之百的努力。从个例来说，她这么做，可能会有回报，也可能不会有回报，但平均而言，升入好的医学院，几乎肯定会有回报的。在什么样的医学院就读，那将会对她的一生有很大影响，若是在一所排名靠前的医学院就读，她就能获得更好的实习机会，选择更好的住院医师培训项目，然后或许就能在这个领域立足。她专心于考上一个好的医学院，我们可以喜欢或不喜欢她的这种专心，但我们对此事的看法是一种价值判断。她的这种专心，既有好处也有坏处，所以这是一种风格。若是能力的话，在几乎每种情况下，更多的能力总是更好的；风格则没有好坏之分，那是主观判断的问题。如果你更多地具有某种特定风格，你可能会在某些方面有优势，在另一些方面则有劣势。

**3. 有的风格类型似乎与人格特质过于接近。**我们可以说一个政府具有某种人格，但这是一种比喻，而不是字面意义。例如，我们可以说一个无政府状态的国家具有"混乱型"人格，或者说一个君主制国家具有"君主型"人格。但是**人格**（personality）这个词的这些用法，并不是字面意义上的。同样，在风格理论中，当我们把思维比作一个政府时，我们这里所说的人格，也是比喻意义上的。

风格不同于人格，风格与认知更接近。再以玛丽亚为例。她似乎有点强迫症，不是吗？严格意义上说，她没有强迫症。比如说，她不像强迫症患者那样每天洗很多次手，强迫症患者头脑中会有强烈的、挥之不去的想法，她想当医生，这个想法虽然强烈，但这并不是一个令她不安却又挥之不去的想法。相反，她有一个最重要的认知目标——学医并成为一名医生——她倾向于围绕这个目标来组织自己的生活。事实上，她非常专注，可能是由某种人格特质导致的，但这种专注是认知上的，因此她的专注倾向是一种风格。

**4. 没有令人信服的证据来证明，这些风格具有现实世界的相关性**。把思维比作一个政府这一比喻在某种程度上"是有效的"，它显然具有现实世界的相关性，正如政府具有现实世界的相关性一样。比如说，场独立性，作为我们日常生活中的一个概念，是可有可无的；如果我们把它（场独立性这个概念）归入空间能力之下，我们或许可以不需要它。但我们不能没有政府：所有已知的社会，都有某种形式的政府，即使它基本上是无政府的（如在索马里和卢旺达，在不同的时期，中央和许多地区的政府机构都崩溃了）。

正如社会需要以某种方式自我管理，才能在现实世界中有效力，个人也是如此。就像政府一样，个人也需要调集自己的资源，组织自己的生活，为自己关心的事情设定优先次序。因此，这个比喻表明风格是有用的。此外，我还提供了实证数据来验证这一观点，这些数据表明了风格在日常生活中，尤其是在学校中的有用性。

现已有一系列证据表明，正如有机体在进化过程中的发展方向，其确切的性质取决于各种有机体对其自身所处环境的适应，有机体也朝着越来越复杂和自我组织的方向发展。人类有时被称为生命系统，因为我们体内有太多复杂的系统在运作。[2] 从这种观点来看，不管我们喜欢与否，我们必须以某种方式管理自己。在身体层面，体内有一些调节系统，可以决定我们何时以及如何满足饥饿和口渴等生理性动机。在自我层面，我们需要自我调节，管理自己如何度过一天、一周，或者如何过好自己的生活。我们需要找到与周围人相处的方式。管理（government）无处不在，不仅仅是在社会上。

**5. 风格理论与心理学理论之间的联系，总体上是不充分的。**心理自我管理理论与那些个体性理论（将人视为自我组织系统，能够积极塑造自己的环境和自身）相吻合。[3] 积极塑造环境是关键：人们不仅仅是变幻无常的环境的受害者，就像行为主义（或在刺激－反应理论中）对行为的描述，人们也不仅仅是阴影中的内在力量的受害者，就像心理动力学（弗洛伊德式的）对人类行为的描述那样。人们被环境塑造，但也会塑造自己的环境。这种影响是互动互惠的。

这些现代的理论，出现在心理学不同的领域，例如动机和能力领域。[4] 但是，就风格理论而言，我们不能脱离它们发生的环境来考虑。相反，人们积极地与自身所处的环境互动，并在很大程度上塑造了作用于他们的环境。当然，人们也会遇到一些无法控制的偶然因素（例如，当你小心谨慎地开车时，遇上酒后驾车的司机，就可能会被撞）。但是，即使把这些偶然因素考虑在内，总的来说，你对发生在你身上的事情的反应，往往和实际发生在你身上的事情一样重要。

其基本思想是，对于作用于自身的环境，人们不仅仅是消极地接受，以适应性或适应不良的方式，对这些复杂有时是无法解释的力量做出反应（这一观点在某种程度上具有弗洛伊德心理动力学概念的特征）。相反，人们积极地以各种方式对环境做出反应，至于以什么方式，这在很大程度上取决于他们的反应风格。因此，对于具有君主型风格的玛丽亚来说，考上医学院是最重要的，但是对于具有等级型风格的人来说，考上医学院可能只是多个目标中的一个，并不一定是特别重要的。

**6. 这些风格理论所列出的各种风格，有时根本不引人注目。**什么使一个理论引人注目，而另一个理论则不然呢？为什么有些风格在心理学知识中变得流行，而另一些却很快被遗忘？一个理论的成功与否，取决于许多因素，比如这个理论是否被视为优雅的、简明的、内部连贯的和被经验证实的。我试图表明，这本书中提出的心理自我管理理论，就具有所有这些特征。但也许，最能使一种风格理论或任何理论引人注目的是，它的启发式效用——你可以用它做些什么。在这本书中，我试图表明，心理自我管理理论对生活的各个方面都有直接的影响，例如教与学的过程，选择招聘什么样的人，以及在人际关系中的伴侣选择。

**7. 没有充分使用异法同证（converging operations）或多种测量方法**。这里的问题是，将多种测量方法，用于对同一种风格的评估。我已经证明，心理自我管理理论中的各种风格，可以用多种测量方法来评估。

为什么这样的多种测量方法很重要？这个问题显得有点技术性，甚至有些难懂。其实不是这样的。当你参加一项能力或学业成就测验时，比如 SAT，它主要或全部采用多项选择题的形式，你通常知道，其他的测验形式可能会允许你更多或更少地展示出自己的学识。

在英国文学课上，学生们可能会阅读《呼啸山庄》。更具创造性思维的一些学生可能会觉得，这部小说让他们对爱情的本质（或者在支持或阻碍浪漫选择方面，社会可以发挥的作用；或者在社会中，社会阶层所起的作用）有了一些新的认识。老师可能会给学生们出一份测验题，采用多项选择题的形式，考察他们能否记住小说中的主要人物和一些引用的句子。在这种考试中，那些更具创造性想法的学生,就无法展示出他们的才华。

一位应聘者填写一份职位申请表。关于自己将如何在公司中发挥作用,以及公司目前的零售规程有何可以改进的地方,这位应聘者可能有一些想法。但是她没有机会表达自己的想法,因为职位申请表上提到的问题都是关于履历和背景的。

在上述两种情况下,更具创造性想法的那些人,没有机会把他们的想法表达出来。但当然,如果评估完全建立在个人表达创造性想法的基础上,那么个人的其他方面——比如对小说中的相关内容的掌握、与新职位有关的工作经验——就不会得到评估。如果我们用多种方法来评估一个人,我们总是会得到更好的信息,对于风格的评估也是如此。我们从来不是只使用一种测量方法,因为如果我们只用一种测验形式,来评估能力或学业成就,那就会有所疏漏,如果我们只用一种方法来评估风格,那也会有所疏漏。实际上,对所测量的风格,风格的测量方法是混淆影响因素,就像对能力和学业成就的评估所出现的情况那样。

**8. 很少或根本没有相关的学术研究,表明这些风格的有用性。**再次,我提供的一些研究结果,表明了风格的有用性。

读者们应该了解的一个事实是,关于风格的理论和研究处于心理学领域的边缘。对于心理学家们来说,风格方面的研究从来不是心理学研究的中心领域。有时,一个领域很少被研究,是因为缺乏重要性,比如对人们生活的重要性。风格领域不是这样的,就像爱情领域一样,爱情对几乎每个人的生活都很重要,但心理学家们对它的研究也相对较少。相反,这里有一些实际原因。

第一个原因是,缺乏好的研究。在心理学的某些领域,理论与数据的比率很高(有很多理论,但缺少研究数据),用通俗的话说就是,"高谈阔论,没有真凭实据"。人们有很多猜测,写了很多文章,但几乎没有确凿的数据来证明这其中任何一个是真。目前,许多学校都在购买评估学生学习风格和教学方法的系统,这些评估系统根本没有坚实的研究基础。也许会有相关"研究",但它的质量很低,对于推广自己的那一套风格评估系统的人来说,它不过是一种营销手段。这一领域在心理学界可能不会受到重视,除非这一领域不再被商业利益所主导。

风格研究处于心理学领域边缘的第二个原因是,它是跨学科的,介于思维研究和人格研究之间。和其他任何领域一样,心理学领域也倾向于按学科划分:有很多学者专门研究思维,还有很多学者专门研究人格,同时研究思维和人格的学者则很少,研究思维和人格如何相互作用的学者就更少了,因为这样的工作不符合传统的学科界限。心理学研究者在学术界找工作的时候,他们通常会进入某个学科,从事某个学科的工作,一种可能的情况是,人格领域的专家们不想招收风格研究者,因为在他们看来,风格研究者从事的工作过于以认知为导向,认知领域的专家们也不想招收风格研究者,因为在他们看来,风格研究者从事的工作过于以人格为导向。所以,年轻的研究者大多不愿意从事这方面的研究。其结果是,我们对思维风格和学习风格缺乏研究,尽管这方面的研究很重要。

风格研究没有得到应有重视的第三个原因是,风格研究是一个相对较新的领域。几千年来,人们一直在严肃探讨与记忆、智力或态度有关的心理学问题。风格研究则始于20世纪中期。与其他一些研究领域相比,风格这一研究领域还很新,没有足够的时间发展起来。

**9. 这些理论似乎根本不是风格理论，而是影响风格的变量**。这种批评，最明显地适用于上一章提到的邓恩夫妇的理论，该理论中的18种风格，更像是指影响学习风格的环境变量，而不是指学习风格本身。心理自我管理理论中的各种风格，它们受环境的某些方面的影响，但这些方面本身并不是风格。

**10. 这些理论中的各种风格，不符合第5章中描述的关于风格的某些甚至大部分标准**。现在，让我们考虑这些标准，看一看，心理自我管理理论是否比其他理论更符合这些标准。

风格以及风格理论已经受到了很多的批评，导致风格方面的研究进展非常缓慢。是否有可能提出一种理论，它不仅能回答所有或大部分反对意见，而且基于一个更好的比喻，比其他理论中可能用到的比喻更好？

在心理学史上，心理学家们曾使用过各种各样的比喻来理解人类的行为。人们总是愿意相信，当前的比喻或理论是终极的——尽管我们在过去犯过错误，但不知何故，我们终于找到了真理。这种奇怪的观点不仅出现在科学研究领域：多年前，有一段时间，人们在谈论和写文章论述"历史的终结"，似乎在冷战结束后，我们终于进入了人类一直梦寐以求的稳定和近乎和平的时期。不太可能。我个人的观点是，科学理论和模型总是处于发展的状态，如果有任何最终的理论和模型，我们还没有看到它们，而且很可能永远也不会看到。比喻的演变在某种意义上是辩证的。[5]

首先，一个比喻或正题被提出，也许它会流行起来。这个正题似乎能解释人们所有的重要问题。然而，过了一段时间，人们开始看到它的弱点和不完整性。有时候，人们只是感到厌倦了，对它不再感兴趣了。所以他们又提出了一个反题,它在许多方面与原先的正题相反。现在他们发现,原先的正题有严重缺陷,所以他们通过走向相反的极端,来寻求正确性,甚至是安慰。原先的正题的缺陷被暴露了,真理终于出现了。但最终,反题也被发现有其自身的缺陷,就像原先的正题一样。因此,人们寻求合题(正题和反题的综合),认识到尽管两者都不完美,但两者各有长处,将其综合起来就可以形成一套新的理论。这套新的理论成了新的正题,并且以后也将被其反题所取代。

在心理学史上,学说的辩证发展经历了许多阶段。下面举几个例子。

例如,19世纪末20世纪初,一场被称为**构造主义**(structuralism)的运动在心理学中占主导地位:心理学家们认为,所有的知觉都可被分解为基本要素——知觉的原子(the atoms of perception)。其背后的比喻是原子比喻——基于原子论,至少可以追溯到希腊哲学家德谟克利特——我们所看到的一切都是由原子构成的。因此,一朵花可以被看作是由一个长而细的垂直管状的基部向上延伸,形成扁平的圆形突起而构成的——好吧,就是这个意思。构造主义心理学家们提出了现在看似奇怪的一些分析,使用的研究方法是内省法——分析你自己的思维模式,以便尽可能深入和客观地研究你在想什么。

后来,在**格式塔**(Gestalt)运动中,心理学家们反对将人的感知分解为基本元素的观点,相反,他们认为,人对事物的认识具有整体性,整体大于各部分之和。格式塔心理学家们嘲笑的观点是,人所看到的,就是形状和图形的某种形式的几何组合。相反,他们认为,无论如何分解一朵花,都不可能捕捉到是什么让它如此美丽、如此特别、如此令我们向往。格式塔心理学家们运用实验法，来发展和检验他们的理论，他们反对构造主义所强调的内省法。

最后，**认知心理学派**出现了，他们把构造主义学派所强调的分解法与更接近于格式塔学派的经验方法结合起来，以试图理解人们是如何感知、学习和思考的。理解思维的内在结构和过程，这种认知方式在心理学中非常流行，认知主义不仅影响了知觉和思维的研究，而且影响了人格和社会心理学等多个领域。

认知主义在如今仍然很流行，它把心智看作一个超级复杂的计算机。在认知主义者当中，一些人强调人类思维的信息加工的串行方式，另一些人则强调许多操作可以同时进行或并行进行。但是，几乎所有的认知主义者都使用计算机比喻。像过去一样，心理学家菲利普·约翰逊-莱尔德认为，计算机比喻是最终的比喻——现在我们理解了大脑和思维的运作。[6]

这个计算机比喻（将人脑比作计算机）也受到了很多批评。[7] 我的目标不是在这里重复它们，而是考虑一下，对于研究思维风格的人来说，用政府比喻是否比用计算机比喻更好。计算机比喻似乎是一个很好的对比，因为如今，它不仅在认知研究中被广泛使用，而且在人格研究中也被广泛使用。风格则是介于人格和认知之间的一个概念。

## 》结论

思维风格很重要。此外，人们经常把风格与能力相混淆，以至于有些学生或员工被认为无能或不称职，不是因为他们缺乏能力，而是因为他们的思维风格与做评估的人（老师或上司）的不匹配。特别是在教学中，如果我们希望学生们好好学习，我们就需要考虑他们的思维风格。

在教育领域，我们需要仔细考虑，我们在评价学生时的做法，是否让有能力的学生失去了升学机会，同时把机会留给了能力较弱的学生。例如，美国教育界广泛使用的多项选择题测验，显然有利于具有行政型思维风格的学生。对学业能力和其他能力倾向的测验，混淆了对风格的测量与对能力的测量。但是，如果用项目和作品集取代所有这些测验，那只会有利于具有另一种风格的学生。理想情况下，我们需要针对具有不同风格的学生，采用多种方法，对学生们进行教学和评估。

同样的原则也适用于工作领域。几乎所有的工作都需要面试。但是，与其他任何形式的评估一样，面试往往有利于具有某种风格的人，而不利于具有其他风格的人。你会在面试中表现得更好，如果你具有以下几种风格：外倾型风格，你能够更轻松自如地与面试官交流；等级型风格，你能够简明扼要地自我介绍，在面试的短暂时间内，向面试官讲明你的长处；全局型风格，以确保面试官对你所擅长的工作有一个全面的了解。具有这些风格的人，可能适合做某些类型的工作，但不可能完全适合所有类型的工作。因此，面试可能是一种更好或更差的选择工具，这取决于它的用途，为哪种类型的工作选聘人才。当然，在大学的招生录取过程中，面试往往有利于一小部分学生，而不利于其他学生，尽管他们可能是同样有能力的。

幸运的是，有些行业比较灵活，不同风格的人都能找到适合自己的职位。例如，想成为学者的人，可以进入科学研究领域，适合具有立法型风格的人；或者进入文学批评领域，适合具有司法型风格的人。教师可以转换到行政岗位，如果他更具行政型风格的话。律师可以成为法官，从而有机会用上自己所偏好的司法型思维风格。因此，在不完全改变职业发展路径的情况下，人们有时也能找到与自己的风格偏好相匹配的岗位。但是，岗位转换并不总是可能的，所以人们需要仔细考虑自己适合做什么，如果当编辑，那就可能会错失了成为小说家的机会，反之亦然。

在很大程度上，所谓有才华的成年人，很可能是那些思维风格与能力模式相匹配的人。例如，与具有立法型思维风格但是缺乏创造力的人相比，具有立法型思维风格又有创造力的人显然更具优势。与此同时，分析能力强的人可能会发现，司法型思维风格与分析能力更相匹配，立法型思维风格则不然。要想成功，你就需要在自己的思维风格与思维能力之间找到一致性。

总之，在教育方面和职业方面，我们都需要考虑到思维风格，心理自我管理理论为此提供了一种途径。如果我们不考虑思维风格，一些最优秀的人才就有可能被埋没，因为对于聪明或高成就意味着什么，我们的概念是混淆的，一些最聪明的人和有可能取得最高成就的人，得不到重用，可能只是因为他们缺乏老师或上司所喜欢的风格。

# 注 释

## 第 1 章

[1] Sternberg, R. J. (1985). Implicit theories of intelligence, creativity, and wisdom. *Journal of Personality and Social Psychology, 49,* 607–627.
[2] Means, B., & Knapp, M. S. (1991). Cognitive approaches to teaching advanced skills to educationally disadvantaged children. *Phi Delta Kappan, 73,* 105–108.
[3] Harris, K. R., & Marks, M. B. (1992). But good strategy instructors are constructivists! *Educational Psychology Review, 4,* 3–31.
[4] Herrnstein, R., & Murray, C. (1994). *The bell curve.* New York: Free Press.
[5] Sternberg, R. J. (1982). Teaching scientific thinking to gifted children. *Roeper Review, 4,* 4–6.

Sternberg, R. J. (1982, April). Who's intelligent? *Psychology Today, 16,* 30–39.

Sternberg, R. J. (1988). Mental self-government: A theory of intellectual styles and their development. *Human Development, 31,* 197–224.

Sternberg, R. J. (1988). *The triarchic mind: A new theory of human intelligence.* New York: Viking.

Sternberg, R. J. (1994). Thinking styles and testing: Bridging the gap between ability and personality assessment. In R. J. Sternberg & P. Ruzgis (Eds.), *Intelligence and personality.* New York: Cambridge University Press.

## 第 2 章

[1] Sternberg, R. J., & Wagner, R. K. (1991). *MSG Thinking Styles Inventory.* Unpublished manual.

## 第 3 章

[1] Poe, E. A. (1979). The tell-tale heart. In *Tales of Edgar Allan Poe* (p. 179). Franklin Center, PA: Franklin Library. (Original work published 1843.)
[2] Poe, E. A. (1959). "For Annie." In *Poe* (p. 107). New York: Dell.

## 第 4 章

[1] Blum, M. L., & Naylor, J. C. (1968). *Industrial psychology, its theoretical and social foundation* (rev. ed.). New York: Harper & Row.

[2] Williams, W. M., & Sternberg, R. J. (1988). Group intelligence: Why some groups are better than others. *Intelligence, 12,* 351–377.

## 第 5 章

[1] Sternberg, R. J., & Lubart, T. I. (1995). *Defying the crowd: Cultivating creativity in a culture of conformity.* New York: Free Press.

[2] Ibid.

[3] Chapman, L. J., & Chapman, J. P. (1969). Illusory correlation as an obstacle to the use of valid psychodiagnostic signs. *Journal of Abnormal Psychology, 74,* 271–280.

[4] Ceci, S. J. (1996). *On intelligence . . . more or less: A bio-ecological treatise on intellectual development.* Englewood Cliffs, NJ: Prentice-Hall.

Gardner, H. (1983). *Frames of mind: The theory of multiple intelligences.* New York: Basic Books.

Gardner, H. (1993). *Multiple intelligences: The theory in practice.* New York: Basic Books.

Sternberg, R. J. (1985). *Beyond IQ: A triarchic theory of human intelligence.* New York: Cambridge University Press.

Sternberg, R. J. (1988). Intelligence. In R. J. Sternberg & E. E. Smith (Eds.), *The psychology of human thought.* New York: Cambridge University Press.

## 第 6 章

[1] Sternberg, R. J., & Suben, J. (1986). The socialization of intelligence. In M. Perlmutter (Ed.), *Perspectives on intellectual development: Minnesota symposia on child psychology* (Vol. 19, pp. 201–235). Hillsdale, NJ: Erlbaum.

[2] Hofstede, G. (1980). *Culture's consequences.* Beverly Hills, CA: Sage.

Kluckholn, F., & Strodtbeck, F. (1961). *Variation in value orientations.* Evanston, IL: Row, Peterson.

Triandis, H. C. (1972). *The analysis of subjective culture.* New York: Wiley.

[3] Matsumoto, D. (1996). *Culture and psychology.* Belmont, CA: Brooks/Cole.

[4] Hofstede, G. (1980). *Culture's consequences.* Beverly Hills, CA: Sage.

[5] Berry, J. W., Poortinga, Y. H., Segall, M. H., & Dasen, P. R. (1992). *Cross-cultural psychology: Research and applications.* New York: Cambridge University Press.

[6] Maryanne Martin, 1995. Personal communication.

[7] Stanley, J. C., & Benbow, C. P. (1986). Youths who reason exceptionally

well mathematically. In R. J. Sternberg & J. E. Davidson (Eds.), *Conceptions of giftedness* (pp. 361–387). New York: Cambridge University Press.
[8] Sternberg, R. J., & Lubart, T. I. (1995). *Defying the crowd: Cultivating creativity in a culture of conformity.* New York: Free Press.
[9] Ibid.
[10] Sternberg, R. J. (1994). Answering questions and questioning answers. *Phi Delta Kappan, 76*(2), 136–138.
[11] Sternberg, R. J. (1986). *Intelligence applied: Understanding and increasing your intellectual skills.* San Diego: Harcourt Brace Jovanovich.
[12] Sternberg, R. J. (1996). *Successful intelligence.* New York: Simon & Schuster.

## 第 7 章

[1] Spear, L. C., & Sternberg, R. J. (1987). Teaching styles: Staff development for teaching thinking. *Journal of Staff Development, 8*(3), 35–39.
[2] Johnson, D. W., & Johnson, R. (1985). Classroom conflict: Controversy over debate in learning groups. *American Educational Research Journal, 22,* 237–256.
   Slavin, R. E. (1994). *Cooperative learning* (2nd ed.). Boston: Allyn & Bacon.
[3] Sternberg, R. J. (1994). Thinking styles: Theory and assessment at the interface between intelligence and personality. In R. J. Sternberg and P. Ruzgis (Eds.), *Intelligence and personality* (pp. 169–187). New York: Cambridge University Press.
   Sternberg, R. J., & Wagner, R. K. (1991). *MSG Thinking Styles Inventory.* Unpublished manual.
[4] Sternberg, R. J. (1994). Allowing for thinking styles. *Educational Leadership, 52* (3), 36–40.
   Sternberg, R. J., & Grigorenko, E. L. (1993). Thinking styles and the gifted. *Roeper Review, 16*(2), 122–130.
   Sternberg, R. J., & Grigorenko, E. L. (1995). Styles of thinking in school. *European Journal of High Ability, 6*(2), 1–18.
   Sternberg, R. J., & Grigorenko, E. L. (1995). Thinking styles. In D. Saklofske & M. Zeidner (Eds.), *International handbook of personality and intelligence* (pp. 205–229). New York: Plenum.
[5] Simonton, D. K. (1988). *Scientific genius.* New York: Cambridge University Press.
[6] Grigorenko, E. L. , & Sternberg, R. J. (1997). Styles of thinking, abilities, and academic performance. *Exceptional Children, 63,* 295–312.
[7] Sternberg, R. J. (1993). *Beyond IQ: A triarchic theory of human intelligence.* New York: Cambridge University Press.

Sternberg, R. J. (1988). *The triarchic mind: A new theory of human intelligence.* New York: Viking.

Sternberg, R. J. (1993). *Sternberg Triarchic Abilities Test.* Unpublished.

## 第 8 章

[1] Goleman, D. (1995). *Emotional intelligence.* New York: Bantam.
Salovey, P., & Mayer, J. D. (1990). Emotional intelligence. *Imagination, Cognition and Personality, 9*(3), 185–211.

[2] Sternberg, R. J. (1985). *Beyond IQ: A triarchic theory of human intelligence.* New York: Cambridge University Press.

[3] Witkin, H. A. (1973). *The role of cognitive style in academic performance and in teacher-student relations.* Unpublished report, Educational Testing Service, Princeton, NJ.

[4] 在旧版棒框测验（RFT）中，被试必须忽略一个外部环境的视觉线索，才能准确地将棒调到垂直状态。具体来说，这个测验要求被试把一个方框内的小棒调至与地面垂直，而这个方框是倾斜的，与地面成一定角度。测验时，被试处于完全黑暗的房间内，只有这个方框和小棒是发光的，被试坐在一个倾斜的椅子上，椅子的倾斜角度与方框的倾斜角度一致，被试无法将地面作为视觉背景线索。因此，被试必须忽略方框这个干扰性的背景线索（场），才能准确地将小棒调至与地面垂直。See Witkin, H. A., Dyk, R. B., Faterson, H. F., Goodenough, D. R., & Karp, S. A. (1962). *Psychological differentiation.* New York: Wiley.

在镶嵌图形测验（EFT）中，被试先看一个简单图形，然后从一个复杂图形中找出隐藏在其中的这个简单图形。这个测验与上文中提到的找出耳环和伪装的情境类似。See Witkin, H. A., & Oltman, P. K. (1972). *Manual for the Embedded Figures Test.* Palo Alto: Consulting Psychologists Press.

场独立性的人能够将棒调到垂直状态，尽管那个方框是倾斜的，场独立性的人也能够找出隐藏在复杂图形中的简单图形。场依存性的人完成这些任务则较为困难，大概是因为他经历的视觉环境或场更加融合，所以很难将一个特定的物体与它所在的场分开。

[5] Witkin, H. A. (1973). *The role of cognitive style in academic performance and in teacher-student relations.* Unpublished report, Educational Testing Service, Princeton, NJ.

[6] Goldstein, K. M., & Blackman, S. (1978). *Cognitive style.* New York: Wiley.

[7] MacLeod, C. M., Jackson, R. A., & Palmer, J. (1986). On the relation between spatial ability and field dependence. *Intelligence, 10*(2), 141–151.

[8] Gardner, R. W. (1953). Cognitive style in categorizing behavior. *Perceptual*

*and Motor Skills, 22,* 214–233.

Gardner, R. W. (1959). Cognitive control principles and perceptual behavior. *Bulletin of the Menninger Clinic, 23,* 241–248.

Gardner, R. W. (1962). Cognitive controls in adaptation: Research and measurement. In S. Messick & J. Ross (Eds.), *Measurement in personality and cognition.* New York: Wiley.

Gardner, R. W., Jackson, D. N., & Messick, S. J. (1960). Personality organization in cognitive controls and intellectual abilities. *Psychological Issues,* 2(4), 7.

[9] 自由分类测验（Free Sorting Test）一直被用于测量等值范围。在该测验中，施测者给出 73 个常见物体的名称，要求被试对这些物体进行分组，把似乎属于同类的物体归为一组；无法与其他物体分为一组的物体，可单独分组。在这个测验中，被试的分数就是其分组的数目（总共分了多少个组），较低的分数意味着更宽的等值范围，较高的分数意味着更窄的等值范围。其他评分也可得出。See Gardner, R. W. (1953). Cognitive style in categorizing behavior. *Perceptual and Motor Skills, 22,* 214–233.

[10] Ceci, S. J. (1996). *On intelligence: A bio-ecological treatise on intellectual development* (expanded edition). Cambridge, MA: Harvard University Press.

Streufert, S., & Streufert, S. C. (1978). *Behavior in the complex environment.* Washington, DC: Winston.

[11] Gardner, R. W., & Schoen, R. A. (1962). Differentiation and abstraction in concept formation. *Psychological Monographs, 76.*

Pettigrew, T. F. (1958). The measurement of category width as a cognitive variable. *Journal of Personality, 26,* 532–544.

[12] Ibid.

[13] Glixman, A. F. (1965). Categorizing behavior as a function of meaning domain. *Journal of Personality and Social Psychology,* 2(3), 370–377.

Palei, A. I. (1986). Modal'nostnaya structura emotsional'nosti i cognitivnyi stil' (Russian). [Emotionality and cognitive style]. *Voprosy Psikhologii,* 4, 118–126.

[14] 杰罗姆·凯根及其同事编制了概念性风格测验（Conceptual Style Test，CST），这个测验无正确答案，其测量的是，在三种"概念性风格"中，被试的风格属于哪一种。CST 与本段叙述的不同之处在于，我在这里使用词汇来描述物体，而 CST 使用的是图片。See Kagan, J., Joss, H. A., & Sigel, I. G. (1963). Psychological significance of styles of conceptualization. *Monographs of the Society for Research in Child Development.* Chicago: University of Chicago Press.

具有**分析－描述**型风格（analytic-descriptive style）的人，倾向于根据共同要素将图片分组（例如，飞机和鸟，因为它们都有翅膀，或者两个人，因为这两个人都穿着袜子）。具有**关系型**风格（relational style）的人，倾向于根据功能和主题关系将事物分组（例如，鲸鱼和鲨鱼，因为它们都会游泳）。具有**推断－分类型**风格（inferential-categorical style）的人，将事物分组，通常不是根据图片中直接观察到的相似性，而是根据可以推断出的抽象的相似性（例如，鲸鱼和老虎，因为它们都是哺乳动物）。

CST 可能有点像能力测验。事实上，在大多数的认知发展理论中，推断－分类型思维（根据这里的定义）被认为比关系型思维更复杂，而关系型思维又被认为比这里的理论家所说的分析－描述型思维更复杂。

例如，在韦氏（Wechsler）或斯坦福－比奈（Stanford-Binet）智力量表的词汇测验中，要求被试解释每个词的一般意义，分类性定义比功用性定义得分更高。例如，让孩子解释汽车这个词的一般意义，与将汽车定义为使用汽油的一种东西的孩子相比，将汽车定义为交通工具的孩子在这道题上的得分更高。同样，根据让·皮亚杰的理论，相比于能使用具体运算（描述型思维风格所要求的，只能看到事物之间的具体关系）的孩子，能使用形式运算（逻辑思维）的孩子被认为处于更高的认知发展阶段。See Piaget, J. (1972). *The psychology of intelligence.* Totowa, NJ: Littlefield Adams.

[15] Kagan, J. (1958). The concept of identification. *Psychological Review, 65,* 296–305.

Kagan, J. (1965). Impulsive and reflective children: Significance of conceptual tempo. In J. D. Krumboltz (Ed.), *Learning and the educational process* (pp. 133–161). Chicago: Rand McNally.

Kagan, J. (1966). Reflection–impulsivity: The generality and dynamics of conceptual tempo. *Journal of Abnormal Psychology, 71,* 17–27.

[16] 匹配熟悉图形测验（MFFT）是测量冲动型－沉思型风格的最常用工具，就是给被试出示一个标准图形和几个可供选择的图形，要求被试从这几个图形中选出一个与标准图形完全一样的图形。根据被试的答题速度和出错的数量，来给被试评分。

See Block, J., Block, J. H., & Harrington, D. M. (1974). Some misgivings about the Matching Familiar Figures Test as a measure of reflection–impulsivity. *Developmental Psychology, 11,* 611–632.

Butter, E. (1979) Visual and haptic training on cross-model transfer of reflectivity. *Journal of Educational Psychology, 72,* 212–219.

Kagan, J. (1966). Reflection–impulsivity: The generality and dynamics of conceptual tempo. *Journal of Abnormal Psychology, 71,* 17–24.

MFFT 的理论基础是，冲动风格的被试往往答完的题目较多，但错误率相对较高；沉思型风格的被试往往答完的题目较少，但错误率相对较低。在这个测验中，除了沉思型与冲动型风格的被试之外，还可能会有另外两种情况：有些被试答题速度快并且错误率低（被称为反应快的人），还有一些被试答题速度慢并且错误率高（被称为反应慢的人）。认知风格研究者对这两种情况都不太感兴趣。See Eska, B., & Black, K. N. (1971). Conceptual tempo in young grade-school children. *Child Development, 45,* 505-516.

与 EFT 一样，MFFT 有点像能力测验，实际上，它的内容与某些知觉-运动或书写能力测验的内容几乎相同。MFFT 与能力测验的区别在于，研究者感兴趣的数据类型。在这里，研究者对反应时与错误率的模式感兴趣，只观察那些在反应速度与准确性之间做出某种权衡的被试。至于另外两种类型的人，反应快的人和反应慢的人，他们在这个测验中所表现出来的，不是一种认知风格，而是一种技能。如果被用来同时测量能力和风格，这个测验是否适用，还有待进一步研究，但从表面上看，这种测验显然并不理想。

尽管冲动型-沉思型风格与各种人格特质之间似乎存在关联，但是由 MFFT 测量的冲动型风格，似乎不同于由人格测验测量的冲动性人格。See Furnham, M. J., & Kendall, P. C. (1986). Cognitive tempo and behavioral adjustment in children. *Cognitive Therapy and Research, 10,* 45-50. 例如，一项研究发现，MFFT 的分数与注意力缺陷有关，但与其他 11 种行为问题（包括富有攻击性、社交退缩和违法行为等）中的任何一种都没有关系。See Achenbach, T. M., & Edelbrocker, C. (1983). *Manual for the Child Behavior Checklist and Revised Child Behavior Profile.* Burlington, VT: Department of Psychiatry, University of Vermont.

[17] Bryant, N., & Gettinger, M. (1981). Eliminating differences between learning disabled and nondisabled children on a paired-associate learning task. *Journal of Educational Research, 74,* 342-346.

Camara, R. P. S., & Fox, R. (1983). Impulsive versus inefficient problem solving in retarded and nonretarded Mexican children. *Journal of Psychology, 114*(2), 187-191.

Eska, B., & Black, K. N. (1971). Conceptual tempo in young grade-school children. *Child Development, 45,* 505-516.

Stahl, S. A, Erickson, L. G., & Rayman, M. C. (1986). Detection of inconsistencies by reflective and impulsive seventh-grade readers. *National Reading Conference Yearbook, 35,* 233-238.

Zelniker, T., & Oppenheimer, L. (1973). Modification of information processing of impulsive children. *Child Development, 44,* 445-450.

[18] Kagan, J. (1966). Reflection–impulsivity: The generality and dynamics of conceptual tempo. *Journal of Abnormal Psychology, 71,* 17-27.

Messer, S. (1970). The effect of anxiety over intellectual performance on

reflection–impulsivity in children. *Child Development, 41,* 353–359.
Paulsen, K. (1978). Reflection–impulsivity and level of maturity. *Journal of Psychology, 99,* 109–112.

[19] Messick, S., & Kogan, N. (1963). Differentiation and compartmentalization in object-sorting measures of categorizing style. *Perceptual and Motor Skills, 16,* 47–51.

[20] Harvey, O. J., Hunt, D. E., & Schroder, H. M. (1961) *Conceptual systems and personality organization.* New York: Wiley.

[21] Feuerstein, R. (1979). *The dynamic assessment of retarded performers: The learning potential assessment device, theory, instruments, and techniques.* Baltimore: University Park Press.

[22] Klein, G. S., & Schlesinger, H. J. (1951). Perceptual attitudes toward instability: I. Prediction of apparent movement experiences from Rorschach responses. *Journal of Personality, 19,* 289–302.

[23] Gardner, R. W., & Moriarty, A. (1968). Dimensions of cognitive control at preadolescence. In R. Gardner (Ed.), *Personality development at preadolescence.* Seattle: University of Washington Press.

[24] Sternberg, R. J., & Ruzgis, P. (Eds.) (1994). *Personality and intelligence.* New York: Cambridge University Press.

[25] Kogan, N. (1973). Creativity and cognitive style: A life-span perspective. In P. B. Baltes & K. W. Schaie (Eds.), *Life-span developmental psychology: Personality and socialization* (pp. 145–178). New York: Academic Press.

[26] Jung, C. G. (1923). *Psychological types.* New York: Harcourt Brace.
Myers, I. B., & Myers, P. B. (1980). *Manual: A guide to use of the Myers-Briggs Type Indicator.* Palo Alto, CA: Consulting Psychologists Press.

[27] Grigorenko, E. L., & Sternberg, R. J. (1995). Thinking styles. In D. Saklofske & M. Zeidner (Eds.), *International handbook of personality and intelligence* (pp. 205–229). New York: Plenum.
Myers, I. B. (1980). *Gifts differing.* Palo Alto, CA: Consulting Psychologists Press.
Myers, I. B., & McCaulley, M. H. (1985). *Manual: A guide to the development and use of the Myers-Briggs Type Indicator.* Palo Alto, CA: Consulting Psychologists Press.
Myers, I. B., & Myers, P. B. (1980). *Manual: A guide to use of the Myers-Briggs Type Indicator.* Palo Alto, CA: Consulting Psychologists Press.

[28] 这个理论中的风格，可以通过迈尔斯－布里格斯类型指标（Myers-Briggs Type Indicator，MBTI）来测量，MBTI是一种已发布并被广泛应用的测验，看起来很像人格量表。这个测验包括很多陈述句，要求被试根据自己的真实情况进行选择，然后从得分确定被试属于哪种类型。See Myers, I. B., & McCaulley, M. H. (1985). *Manual: A guide to the development and use of the Myers-Briggs Type Indicator.* Palo Alto, CA: Consulting Psychologists Press.

[29] Bargar, R. R., & Hoover, R. L. (1984). Psychological type and the matching of cognitive styles. *Theory into Practice, 23*, 1, 56–63.

Corman, L. S., & Platt, R. G. (1988). Correlations among the Group Embedded Figures Test, the Myers-Briggs Type Indicator and demographic characteristics: A business school study. *Perceptual and Motor Skills, 66(2),* 507–511.

Hennessy, S. M. (1992). *A study of uncommon Myers-Briggs cognitive styles in law enforcement.* Dissertation Abstracts International, 52(12-A), 4308.

[30] Gregorc, A. F. (1979). Learning/teaching styles: Potent forces behind them. *Educational Leadership, 36(4),* 234–236.

Gregorc, A. F. (1982). *Gregorc style delineator.* Maynard, MA: Gabriel Systems.

Gregorc, A. F. (1984). Style as a symptom: A phenomenological perspective. *Theory Into Practice. 23(1),* 51–55.

Gregorc, A. F. (1985). *Inside styles: Beyond the basics.* Maynard, MA: Gabriel Systems.

[31] Goldsmith, R. E. (1985). The factorial composition of the KAI Inventory. *Educational and Psychological Measurement, 45,* 245–250.

Joniak, A. J., & Isaksen, S. G. (1988). The Gregorc Style Delineator: Internal consistency and its relationship to Kirton's adaptive-innovative distinction. *Educational and Psychological Measurement, 8,* 1043–1049.

Keller, R. T., & Holland, W. E. (1978). A cross-validation of the KAI in three research and development organizations. *Applied Psychological Measurement, 2,* 563–570.

Kirton, M. J., & de Ciantis, S. M. (1986). Cognitive styles and personality. The Kirton's Adaption-Innovation and Cattell's 16 Personality Factor Inventory. *Personality and Individual Differences 7(2),* 141–146.

Mulligan, D. G., & Martin, W. (1980). Adaptors, innovators and promises in educational practice. *Educational Psychologist, 19,* 59–74.

O'Brien, T. P. (1990). Construct validation of the Gregorc Style Delineator: An application of Lisrel 7. *Educational and Psychological Measurement, 50,* 631–636.

Ross, J. (1962). Factor analysis and levels of measurement in psychology. In S. Messick & J. Ross (Eds.), *Measurement in personality and cognition.* New York: Wiley.

[32] Kolb, D. A. (1974). On management and the learning process. In D. A. Kolb, I. M. Rubin, & J. M. McIntyre (Eds.), *Organizational psychology.* Englewood Cliffs, NJ: Prentice-Hall.

[33] Kolb, D. A. (1978). *Learning Style Inventory technical manual.* Boston: McBer & Co.

[34] Dunn, R., & Dunn, K. (1978). *Teaching students through their individual*

*learning styles*. Reston, VA: Reston Publishing.

Dunn, R., Dunn, K., & Price, K. (1979). *Learning Style Inventory (LSI) for students in grades 3–12*. Reston, VA: National Association of Secondary School Principals.

[35] Holland, J. L. (1973). *Making vocational choices: A theory of careers*. Englewood Cliffs, NJ: Prentice-Hall.

[36] Henson, K. T., & Borthwick, P. (1984). Matching styles: A historical look. *Theory into Practice, 23,* 1, 3–9, 31.

## 第9章

[1] Tourangeau, R., & Sternberg, R. J. (1981). Aptness in metaphor. *Cognitive Psychology, 13,* 27–55.

[2] Ford, M. E. (1986). A living systems conceptualization of social intelligence: Outcomes, processes, and developmental change. In R. J. Sternberg (Ed.), *Advances in the psychology of human intelligence* (Vol. 3). Hillsdale, NJ: Erlbaum.

Kauffman, S. (1995). *At home in the universe*. New York: Oxford University Press.

[3] Ford, M. E. (1986). A living systems conceptualization of social intelligence: Outcomes, processes, and developmental change. In R. J. Sternberg (Ed.), *Advances in the psychology of human intelligence* (Vol. 3). Hillsdale, NJ: Erlbaum.

Ford, M. E. (1994). A living systems approach to the integration of personality and intelligence. In R. J. Sternberg and P. Ruzgis (Eds.), *Personality and intelligence* (pp. 188–217). New York: Cambridge University Press.

Plomin, R. (1990). *Nature and nurture: An introduction to human behavioral genetics* Pacific Grove, CA: Brooks/Cole.

Sternberg, R. J. (1985). *Beyond IQ: A triarchic theory of human intelligence*. New York: Cambridge University Press.

[4] Ford, M. E. (1994). A living systems approach to the integration of personality and intelligence. In R. J. Sternberg and P. Ruzgis (Eds.), *Personality and intelligence* (pp. 188–217). New York: Cambridge University Press.

Plomin, R. (1988). The nature and nurture of cognitive abilities. In R. J. Sternberg (Ed.), *Advances in the psychology of human intelligence* (Vol. 4, pp. 1–33). Hillsdale, NJ: Erlbaum.

Sternberg, R. J. (1990). *Metaphors of mind: Conceptions of the nature of intelligence*. New York: Cambridge University Press.

[5] Hegel, G. W. F. (1931). *The phenomenology of mind* (2d ed.; J. B. Baillie, Trans.). London: Allen & Unwin. (Original work published 1807).

Sternberg, R. J. (1995). *In search of the human mind*. Orlando: Harcourt Brace College Publishers.

[6] Johnson-Laird, P. N. (1988). *The computer and the mind.* Cambridge, MA: Harvard University Press.
Johnson-Laird, P. N. (1989). Freedom and constraint in creativity. In R. J. Sternberg (Ed.), *The nature of creativity* (pp. 202–219). New York: Cambridge University Press.
[7] Searle, J. R. (1980). Minds, brains, and programs. *Behavioral and Brain Sciences, 3,* 417–424.

# 索 引

索引页码为英文原书页码，即本书边码。

ability(ies) 能力, ix-x, 97, 133; interaction with styles ~ 与风格之间的相互作用, 107-12; preferred way(s) of using 使用~的偏好方式, 8, 19; relation of thinking styles to, in predicting academic achievement 思维风格与~在预测学业成绩方面的关系, 131-2; styles as 风格作为~, 150-1; styles confused with ~ 与风格相混淆, 12, 16, 25, 158, 159; styles distinct from 风格不同于~, 8, 79-80, 134, 136, 142; stylistic fit and levels of 风格的匹配与~的水平, 98; 另见 match, between styles and abilities; mismatch, between styles and abilities

ability-personality interface 能力－人格之间的界面, 134, 141-2

ability tests 能力测验, 119, 133, 136, 154, 167n16; predictive power of ~的预测力, 8-9

abstract people 抽象型的人, 144, 150

academic achievement 学业成绩, 130-1; relation of thinking styles to abilities in predicting 思维风格与能力在预测~方面的关系, 131-2

accommodators 顺应型风格的人, 146

achievement tests 成就测验, 112, 119, 154

activities, preferred 偏好的活动: executive people 行政型风格者~, 21; judicial people 司法型风格者~, 21, 40; legislative people 立法型风格者~, 20, 31

activity-centered styles 以活动为中心的风格, 145-6

age in development of thinking styles 年龄与思维风格的发展, 104-5

age of teachers and thinking styles 教师年龄和思维风格, 127, 128

analytic-descriptive style 分析－描述型风格, 166n14

anarchic people/style 无政府型风格(者), 23-4, 44, 56-9, 149; and

methods of assessment ~和评估方法, 132; in parenting 父母教养方式与~, 106

aptitude tests 能力倾向测验, 159

assessment, methods of 评估方法: benefitting different students 对不同的学生有利的~, 132; and thinking styles ~和思维风格, 119-23, 120*t*

assessments 评估, 154-5; thinking styles in ~中的思维风格, 90, 115-23

assimilators 同化型风格的人, 146

attention deficit hyperactivity disorder (ADHD) 注意缺陷多动障碍, 148-9

Australia 澳大利亚, 101

*Bell Curve, The* (Herrnstein and Murray)《钟形曲线》(赫恩斯坦和默里), 8

Berry, J. W. 贝里, 102

Borthwick, P. 伯斯威克, 146-7

bureaucracy(ies) 官僚制, 35, 93

businesses 企业: legislative style in ~中的立法型风格, 31; mismatch of thinking styles in ~中思维风格的不匹配, 22

C-W Scale C-W 量表, 138

Canada 加拿大, 101

capitalization on strengths 利用长处, 107-8

career(s) 职业: levels of thinking styles in ~中思维风格的水平, 65-6; rewards and punishments in ~中的奖惩, 105; stylistic flexibility in ~中思维风格的灵活性, 159; and thinking style ~和思维风格, x, 22; thinking styles vary across 思维风格因~的不同而异, 91-4

career choice 职业选择, 85

career-path switches 职业路径转换, 109-10

career paths 职业路径: fit of styles and abilities in ~中风格与能力的匹配, 81-3; varying thinking styles across ~生涯不同的思维风格, 86-9, 109-10

career success, thinking styles and 思维风格和职业生涯成功, 9-11, 19

category width 范畴幅度, 137, 138, 142

centration 集中化, 83

child-centered teaching style 儿童中心型的教学风格, 147

China 中国, 101

Chrétien, Jacques 让·克雷蒂安, 48

classroom(s), thinking styles in 课堂上的思维风格, 127-32

cognition 认知, 134-5, 158; styles at interface of personality and 介于人格和~界面的风格, 158

cognition-centered theories 以认知为

中心的理论, 134-41; evaluation of 对~的评价, 141-2
cognitive styles 认知风格, 134, 140-2, 145, 149-50
cognitive-styles movement 认知风格运动, 134-42
collaboration 合作, 39, 65, 85; as compensation ~作为补偿, 36; in science 科学中的~, 93-4
collectivism 集体主义, 101-2
Colombia 哥伦比亚, 101
compartmentalization 区隔化, 140
compensation for weaknesses 弥补短处, 108
computer metaphor 计算机比喻, 158
conceptual differentiation 概念分化, 137
conceptual integration 概念整合, 141
conceptual style 概念性风格, 138-9
Conceptual Style Test (CST) 概念性风格测验, 166n14
concrete people 具体型的人, 144, 150
concrete relations 具体关系, 167n14
conservative people/style 保守型风格(者), 26, 71-5; and academic achievement ~和学业成绩, 130-1; age and 年龄和~, 105; culture and 文化和~, 100; gender and 性别和~, 102; and methods of assessment ~和评估方法, 122; and methods of instruction ~和教学方法, 119; schooling and 学校教育和~, 107; in students 学生中的~, 129; in teachers 教师中的~, 128, 129
conservative scales, correlations 保守型风格量表, 相关性, 125, 126
contexts 具体情况, 43
convergers 聚合型风格的人, 145
converging operations 异法同证, 154-5
cooperative learning 合作学习, 25-6, 71, 117
cooperative-planner teaching style 合作计划型的教学风格, 147
correlations, illusory 相关性错觉, 83-4
creativity 创造力, 3-6, 101; in anarchic people 无政府型风格者的~, 24, 58-9; legislative style and 立法型风格和~, 20; schools and 学校和~, 127; suppression of ~的压制, 5
cultural universals 文化普遍性, 102
culture in development of thinking styles 文化与思维风格的发展, 100-2

Dasen, P. R. 达森, 102
demographic effects 人口统计学效应, 129-30
divergers 发散型风格的人, 145-6
Dunn, K. 邓恩, 146, 156
Dunn, R. 邓恩, 146, 156

educational system 教育系统, ix-x; 另见 schools/schooling

Embedded Figures Test (EFT) 镶嵌图形测验, 165n4, 167n16

emotional intelligence 情绪智力, x, 134

emotionally exciting teaching style 情感兴奋型的教学风格, 147

energic theory of mind styles 心智风格的能量理论, 144

environment 环境: active shaping of ~ 的积极塑造, 153; and personality ~ 和人格, 87; and stylistic fit ~ 和风格的匹配, 98; thinking styles and 思维风格和~, x, 11-18

environmental variables 环境变量, 156

equivalence range 等值范围, 137-8

essay tests 论文测验, 121

evaluation 评价, 98, 121

evaluational assignments, thinking styles and 思维风格和评估作业, 123t

executive people/style 行政型风格(者), 21, 22, 33-7, 40, 108; and academic achievement ~ 和学业成绩, 130, 131, 132; age and 年龄和~, 105; assessment of ~ 的评估, 42-3; in career path 职业路径中~, 109; culture and 文化和~, 100; gender and 性别和~, 102; and methods of assessment ~ 和评估方法, 121, 123; and methods of instruction ~ 和教学方法, 116, 118-19; schooling and 学校教育和~, 107, 110, 111, 159; in teachers 教师中的~, 127, 128

executive scales, correlations 行政型风格量表, 相关性, 125, 126

external people/style 外倾型风格(者), 25, 66-71, 159; culture and 文化和~, 101-2; gender and 性别和~, 102; and methods of assessment ~ 和评估方法, 122; and methods of instruction ~ 和教学方法, 117, 118; parenting style and 父母教养方式和~, 106

external scale 外倾型风格量表, 126

extroversion 外向(外倾), 25, 70, 143

factor analysis 因子分析, 125-6

feeling people 情感型的人, 143

Feuerstein, Reuven 瑞文·弗厄斯坦, 141

field dependence-independence 场依存性与场独立性, 135-7, 142, 150, 152

flexibility 灵活性, 92, 93, 97, 108, 115, 159; differences in ~ 的差异, 85-6, 87-8

formal operations 形式运算, 167n14

Free Sorting Test 自由分类测验, 165n9

Gardner, R. W. 加德纳, 141
gender in development of thinking styles 性别与思维风格的发展, 102-4
*Gestalt* movement 格式塔运动, 157-8
gifted adults 有才华的成年人, 159-60
global people/style 全局型风格(者), 24-5, 60-6, 84, 159; and academic achievement ~ 和学业成绩, 130, 131, 132; gender and 性别和 ~, 103; and methods of assessment ~ 和评估方法, 121; parenting style and 父母教养方式和 ~, 106; in teachers 教师中的 ~, 129
global scales, correlations 全局型风格量表, 相关性, 125, 126
goals 目标, 23, 54, 149, 152; hierarchy of ~ 的层次结构, 51
government metaphor 政府比喻, 19-20, 27, 44, 69, 148, 149-52, 158
grade(s) taught and thinking styles of teachers 所教的年级和教师的思维风格, 127
Great Britain 英国, 101
Gregorc, Anthony 安东尼·格里乔克, 144, 150
Grigorenko, Elena 埃琳娜·格里格伦科, 42, 127, 131
group work 小组合作, 70-1, 106, 117

Henson, K. T 亨森, 146-7
Herrnstein, R. 赫恩斯坦, 8

hierarchic people/style 等级型风格(者), 23, 44, 49-52, 54-5, 159; and academic achievement ~ 和学业成绩, 130; and methods of assessment ~ 和评估方法, 121, 122; and methods of instruction ~ 和教学方法, 116, 118
hierarchic scale 等级型思维风格分量表, 126
Hofstede, G. 霍夫斯塔德, 101
Holland, J. L. 霍兰德, 146

ideology and thinking styles of teachers 理念与教师的思维风格, 127, 129
impulsivity-reflectivity 冲动型－沉思型, 139-40, 142; measurement of ~ 的测量, 167n16
individual differences 个体差异, 117, 142
individual performance 个人表现, 71
individualism-collectivism 个人主义－集体主义, 101-2
individuality 个体性, 152-3
inferential-categorical style 推断－分类型风格, 166n14
information, interpretation of 对信息的解释, 143
instruction, thinking styles in 教学中的思维风格, 115-23
instructional assignments, thinking styles and 思维风格和教学作业,

123*t*

intellectual development, parents' reactions to children's questions in 智力发展过程中父母对孩子所提问题的反应, 106

intelligence(s) 智力, 6, 74-5, 99; multiple 多元~, x; 另见 triarchic theory of human intelligence

intelligence tests 智力测验, 90, 112

internal-consistency reliability 内部一致性信度, 125, 153

internal people/style 内倾型风格(者), 25, 66-71; culture and 文化和~, 101-2; gender and 性别和~, 102, 103; and methods of assessment ~和评估方法, 121, 122; and methods of instruction ~和教学方法, 117, 118; parenting style and 父母教养方式和~, 106

internal scale 内倾型思维风格分量表, 126

interpersonal relationships 人际关系, 95, 143

interviews 面试, 96, 122, 159

introversion 内向(内倾), 25, 70, 143

intuitive person(s) 直觉型的人, 143

Japan 日本, 100

job requirements and thinking styles 工作要求和思维风格, 92-3

job streams 职业流动: change in style in ~中风格的改变, 89; 另见 career paths

Johnson-Laird, P. N. 约翰逊－莱尔德, 158

judging people 判断型的人, 143

judgment 判断, 143

judicial-evaluators 司法型风格－评价者, 40, 41*t*

judicial people/style 司法型风格(者), 21-2, 37-41, 108, 160; and academic achievement ~和学业成绩, 130, 131, 132; assessment of ~的评估, 42-3; in career path 职业路径中的~, 109; gender and 性别和~, 102, 103; measurement of ~的测量, 125; and methods of assessment ~和评估方法, 120-1, 122, 123; and methods of instruction ~和教学方法, 117, 118-19; parenting and 父母教养和~, 106; in schools 在学校的~, 110, 111, 112; in students 学生中的~, 129; in teachers 教师中的~, 128

judicial scale 司法型思维风格分量表, 126

Jung, C. G. 荣格, 143

Kagan, Jerome 杰罗姆·凯根, 139, 166n14

Kogan, Nathan 内森·卡根, 142

Kolb, D. A. 科尔布, 145, 146

language learning 语言学习, 14-16

learning 学习, 6-9; in schools 在学校的 ~, 5-6

learning-centered teaching style 学习中心型的教学风格, 147

learning experience, interaction of thinking styles with 思维风格与学习经验的相互作用, 25-6

Learning Style Inventory (LSI) 学习风格量表, 146

learning styles 学习风格, 145-6, 155

lecture (method of instruction) 讲课 (教学方法), 116, 119

legislative-creators 立法型风格－创造者, 31-3, 32t

legislative people/style 立法型风格 (者), 20-1, 22, 28-33, 35, 40, 108, 159-60; and academic achievement ~ 和学业成绩, 130, 131-2; age and 年龄和 ~, 104, 105; assessment of ~ 的评估, 42-3; in career path 职业路径中的 ~, 109, 110; collaborating with executive ~ 与行政型风格者合作, 36; collaborating with judicial ~ 与司法型风格者合作, 39; culture and 文化和 ~, 100, 101; gender and 性别和 ~, 102, 103, 104; measurement of ~ 的测量, 125; and methods of assessment ~ 和评估方法, 121, 122, 123; and methods of instruction ~ 和教学方法, 117, 118; parenting style and 父母教养方式和 ~, 105-6; schooling and 学校教育和 ~, 107, 110-11, 112; in teachers 教师中的 ~, 127, 128

legislative scales, correlations 立法型风格量表, 相关性, 125, 126

leveling/sharpening 平稳型/敏锐型, 137

liberal people/style 自由型风格 (者), 26, 71-5; and academic achievement ~ 和学业成绩, 130-1; age and 年龄和 ~, 105; culture and 文化和 ~, 100, 101; gender and 性别和 ~, 102, 103-4; in teachers 教师中的 ~, 129

liberal scales, correlations 自由型风格量表, 相关性, 125, 126

life choices, styles/abilities fit in 风格/能力与生活选择的匹配, 81-3

life span, styles vary across 风格因人生阶段的不同而异, 30, 35, 46, 50, 53, 57, 62, 63, 67, 69, 70, 73, 74, 84, 88-9, 91-4

local people/style 局部型风格 (者), 24, 60-6; and academic achievement ~ 和学业成绩, 131; age and 年龄和 ~, 105; and methods of assessment ~ 和评估方法, 120-1; and methods of instruction ~ 和教学方法, 119; in parenting 父母教养方式与 ~, 106; schooling and

学校教育和~, 107; in students 学生中的~, 129; in teachers 教师中的~, 128, 129

local scales, correlations 局部型风格量表, 相关性, 125, 126

management/managers 管理/管理者, 22; legislative style and 立法型风格和~, 31; monarchic 君主型~, 48; task-/people-oriented 以任务/人为导向的~, 70; varying thinking styles in ~ 中不同的思维风格, 92-3, 109

Martin, Maryanne 玛丽安娜·马丁, 31

match 匹配: between styles and abilities 风格与能力之间的~, 74, 80-1, 82, 83, 108, 159-60; between styles and job requirements 风格与工作要求之间的~, 93; of thinking styles and methods of instruction 思维风格的~和教学方法, 115; between thinking styles of teachers and students 教师思维风格与学生思维风格之间的~, 129-31

Matching Familiar Figures Test (MFFT) 匹配熟悉图形测验, 167n16

Matsumoto, D. 松本, 101

measurement 测量: multiple methods of~的多种方法, 154-5; of thinking styles 思维风格的~, 89-90, 123-7

measurement issues 测量问题, 42-3

mental self-government 心理自我管理: forms of ~ 的形式, 22-4; functions of ~ 的功能, 20-2; internal and external issues in ~ 中的内部和外部问题, 69; levels, scope, and leanings of ~ 的水平、范围和倾向, 24-6; styles of ~ 的风格, 44-59

mental self-government, theory of 心理自我管理理论, 19-20, 115, 147, 148-60; measurement of thinking styles and 思维风格测量和~, 125-7; model in ~ 的模型, 150

metaphors 比喻, 150, 156-7; computer 计算机~, 158; lack of unifying 缺乏统一的~, 149-50; 另见 government metaphor

methods of instruction, thinking styles compatible with 与思维风格匹配的教学方法, 115-19, 116t

Mexico 墨西哥, 96

mind styles, energic theory of 心智风格的能量理论, 144

mismatch 不匹配: between style and task/work 风格与任务/工作之间的~, 70; between styles and abilities 风格与能力之间的~, 80, 81, 83, 108; of styles in schools 在学校的风格~, 12-17; of thinking

styles 思维风格的 ~, 12-18, 22
models 模型, 7, 126, 156-7; lack of ~ 的缺乏, 149-50
modifiability of thinking styles 思维风格的改变, 108, 109-10
monarchic people/style 君主型风格 (者), 22-3, 44, 45-9, 51, 54, 149, 151; and methods of assessment ~ 和评估方法, 122; and methods of instruction ~ 和教学方法, 118; in parenting 教养方式与 ~, 106
Moriarty, A. 莫里亚蒂, 141
multiple-choice tests 多项选择题测验, 31, 119-21, 122, 154, 159
multiple intelligences 多元智力, x
Murray, C 默里, 8
Myers, I. B. 迈尔斯, 143
Myers, P. B. 迈尔斯, 143
Myers-Briggs Type Indicator (MBTI) 迈尔斯－布里格斯类型指标, 145, 169n28

Netherlands 荷兰, 101
New Deal Democrats 新政民主党人, 75
New Zealand 新西兰, 101
Nixon, Richard 理查德·尼克松, 47-8
Nobel Prize 诺贝尔奖, 100, 106

obsessive-compulsive people 患有强迫症的人, 47, 151-2

occupation(s) 职业: in development of thinking styles ~ 与思维风格的发展, 107; thinking styles in 职业中的思维风格, 159; 另见 career(s)
occupational choice, fit of styles and abilities in 职业选择中风格与能力的匹配, 81-3
occupational preferences 职业偏好: executive people 行政型风格者, 21, 36; judicial people 司法型风格者, 21, 40; legislative people 立法型风格者, 20, 31-3
oligarchic people/style 寡头型风格 (者), 23, 44, 52-6; and academic achievement ~ 和学业成绩, 130; in students 学生中的 ~, 129
oligarchic scale 寡头型思维风格分量表, 126
one-dimensionality 单一维度, 83, 84
organizational culture 组织文化, 6
organizations 组织: matching people to roles in ~ 中人与角色匹配, 40; and thinking styles ~ 和思维风格, 94, 95-6

Pakistan 巴基斯坦, 101
parenting styles in development of thinking styles 父母教养方式与思维风格的发展, 105-7
perceptive people 知觉型的人, 143
perceptual functions 知觉功能, 143
performance variation, styles accounting

for 由风格解释的表现差异, 147
personality 人格, 87, 106, 133-4; study of ~ 研究, 135, 158; styles at interface of cognition and 介于认知和~界面的风格, 158; styles at interface of thought and 介于思维和~界面的风格, 155-6; styles differ from 风格不同于~, 151-2
personality-centered styles 以人格为中心的风格, 142-5
personality-centered theories, evaluation of 对以人格为中心的理论的评价, 144-5
personality differences between reflective and impulsive individuals 沉思型风格者与冲动型风格者之间的人格差异, 140
personality traits 人格特质, 142, 145, 151-2
Peru 秘鲁, 101
"Peter principle," "彼得原理" 92-3
Piaget, Jean 让·皮亚杰, 167n14
Poe, Edgar Allan, 埃德加·爱伦·坡, 47
political leanings, stylistic leanings and 风格倾向和政治倾向, 75
Poortinga, Y. H. 布汀格, 102
portfolios 作品集, 121-2, 159
practical intelligence 实践性智力, x
preferences 偏好, 159; difference in strength of ~ 强度上的差异, 84-5; legislative people 立法型风格者, 31; measuring 测量 ~, 137; styles represent set of 风格代表一组~, 134
preferences in use of abilities, thinking styles are 思维风格是使用能力的偏好方式, 79-80
PRI (Institutional Revolutionary Party [Mexico]) 墨西哥革命制度党, 96
priority setting 优先级设定, 20, 23, 51, 52, 54, 55-6, 58, 126
profile of thinking styles 思维风格概况, x, 19, 83-4, 97, 125, 132; of teachers 教师的~, 128-9
projects 项目, 117-18, 121-2, 132, 159
prompts 提示, 123
psychodynamic conception of person(s) 人的心理动力学概念, 153
psychological theory, theories of style and 风格理论和心理学理论, 152-3
psychological types, theory of 心理类型理论, 143-4
psychology 心理学: dialectical development of ideas in ~ 中学说的辩证发展, 157-8; theories and research on styles in ~ 中关于风格的理论和研究, 155-6

random people 随机型的人, 144
real-world settings, styles in 现实世界中的风格, 152
reality, episodic grasp of 对现实的偶

发性认识, 141
relational style 关系型风格, 166n14
religion(s) 宗教, 100, 106-7
research on thinking styles 思维风格研究: history of ~ 的历史, 133-47; lack of ~ 的缺乏, 155, 156
resource allocation 资源分配, 20, 54
rewards and punishments 奖惩, 104-5, 107, 108, 110; in schools 学校中的 ~, 130
Rod and Frame Test (RFT) 棒框测验, 164n4
role models 榜样, 86-7

scanning 扫描, 141
Scholastic Assessment Test (SAT) 学术能力评估测验, 138, 154
school performance, thinking styles and 思维风格和在校表现, 130-1
schools/schooling 学校/学校教育: anarchic people in ~ 中的无政府型风格者, 58; in development of thinking styles ~ 与思维风格的发展, 107, 110-12; executive style and 行政型风格和 ~, 21; importance of recognition of thinking styles in ~ 中认识到思维风格的重要性, 158-9; internal/external styles in ~ 中的内倾型/外倾型风格, 70-1; and judicial people ~ 和司法型风格者, 21-2; learning in ~ 中的学习, 5-6; and legislative style ~ 和立法型风格, 20, 30-1, 33; mismatch of styles in ~ 中风格的不匹配, 12-17; and monarchic persons ~ 和君主型风格者, 22-3; thinking styles change in ~ 中思维风格的变化, 91; thinking styles in ~ 中的思维风格, x, 115-32; valuation of thinking styles in ~ 中对思维风格的评价, 8, 96
Segall, M. H. 西格尔, 102
self-assessments 自评, stylistic 风格 ~, 27-8; anarchic style 无政府型风格 ~, 56-7; conservative style 保守型风格 ~, 73-4; executive style 行政型风格 ~, 33-5; external style 外倾型风格 ~, 68-9; global style 全局型风格 ~, 60-2; hierarchic style 等级型风格 ~, 49-50; internal style 内倾型风格 ~, 66-7; judicial style 司法型风格 ~, 37-8; legislative style 立法型风格 ~, 28-30; liberal style 自由型风格 ~, 71-3; local style 局部型风格 ~, 62-3; monarchic style 君主型风格 ~, 45-6; oligarchic style 寡头型风格 ~, 52-3
self-organization 自我组织, 148, 152-3
sensing person(s) 感觉型的人, 143
sequential people 有序型的人, 144
Set of Thinking Styles Tasks for Students 由学生来完成的一系列与思维风

格有关的任务, 124
short-answer format 简答题形式, 119, 120, 122
situations, thinking styles vary across 思维风格因情境的不同而异, 30, 35, 46, 50, 53, 57, 62, 63, 67, 69, 70, 73, 74, 84, 138, 145
Slavin, R. E. 斯莱文, 117
social intelligence 社交智力, x, 25, 134
socialization 社会化: in development of styles ~ 与风格的发展, 86-8, 90, 108, 129, 130; gender and 性别和 ~, 102, 103; in schools 在学校的 ~, 104
socialized constructs, thinking styles as 思维风格作为社会化结构, 99
socializing agents 社会化因素, 106; schools as 学校作为 ~, 107
socioeconomic status 社会经济地位, 129
spatial ability 空间能力, 136-7, 152
statistics, method and style in 统计学教学中的方法和风格, 16-17
stereotypes, gender 性别刻板印象, 102
Sternberg-Wagner Self-Assessment Inventory on the Anarchic Style 斯滕伯格－瓦格纳无政府型思维风格自评量表, 56-7
Sternberg-Wagner Self-Assessment Inventory on the Conservative Style 斯滕伯格－瓦格纳保守型思维风格自评量表, 73-4
Sternberg-Wagner Self-Assessment Inventory on the Executive Style 斯滕伯格－瓦格纳行政型思维风格自评量表, 33-5
Sternberg-Wagner Self-Assessment Inventory on the External Style 斯滕伯格－瓦格纳外倾型思维风格自评量表, 68-9
Sternberg-Wagner Self-Assessment Inventory on the Global Style 斯滕伯格－瓦格纳全局型思维风格自评量表, 60-2
Sternberg-Wagner Self-Assessment Inventory on the Hierarchic Style 斯滕伯格－瓦格纳等级型思维风格自评量表, 49-50
Sternberg-Wagner Self-Assessment Inventory on the Internal Style 斯滕伯格－瓦格纳内倾型思维风格自评量表, 66-7
Sternberg-Wagner Self-Assessment Inventory on the Judicial Style 斯滕伯格－瓦格纳司法型思维风格自评量表, 37-8
Sternberg-Wagner Self-Assessment Inventory on the Legislative Style 斯滕伯格－瓦格纳立法型思维风格自评量表, 28-30
Sternberg-Wagner Self-Assessment Inventory on the Liberal Style 斯

滕伯格－瓦格纳自由型思维风格自评量表, 71-3

Sternberg-Wagner Self-Assessment Inventory on the Local Style 斯滕伯格－瓦格纳局部型思维风格自评量表, 62-3

Sternberg-Wagner Self-Assessment Inventory on the Monarchic Style 斯滕伯格－瓦格纳君主型思维风格自评量表, 45-6

Sternberg-Wagner Self-Assessment Inventory on the Oligarchic Style 斯滕伯格－瓦格纳寡头型思维风格自评量表, 52-3

Sternberg-Wagner Thinking Styles Inventory 斯滕伯格－瓦格纳思维风格量表, 27

Strong Vocational Interest Blank (SVIB) 斯特朗职业兴趣量表, 146

structuralism 构造主义, 157

students 学生: relationship of thinking styles of, with thinking styles of teachers 教师思维风格与～思维风格之间的关系, 130-1; thinking styles of ～的思维风格, 129-30

Students' Thinking Styles Evaluated by Teachers 由教师来评价学生的思维风格, 124-5

styles 风格, 见 thinking styles

stylistic development, variables in 风格发展中的变量, 99-107

stylistic fit 风格匹配, 97-8; and levels of abilities ～和能力水平, 98; in schools 在学校的～, 110-11

subject area taught and thinking styles of teachers 所教的科目和教师的思维风格, 127, 128

subject-centered teaching style 学科中心型的教学风格, 147

task-oriented teaching style 任务导向型的教学风格, 146-7

tasks, thinking styles vary across 思维风格因任务的不同而异, 30, 35, 46, 50, 53, 57, 62, 63, 67, 69, 70, 73, 74, 84, 99, 138, 145

teachability of thinking styles 思维风格的可传授性, 90, 108

teachers 教师, 4-5, 6; and monarchic style ～和君主型风格, 48-9; relation of thinking styles of, with thinking styles of students ～思维风格与学生思维风格的关系, 129-31; thinking styles of ～的思维风格, 127-9

teaching, recognition of thinking styles in 在教学中认识到思维风格, 158-9

teaching methods 教学方法, 26; and thinking styles ～和思维风格, 14-18, 42; 另见 methods of instruction

teaching styles 教学风格, 111, 116, 124, 146-7

>> 217

tests and testing 测试和测验, 5, 7, 30-1; criteria for good 好~的标准, 125; of field dependence-independence 场依存性与场独立性的~, 135-6; gender in differential performance in ~中的性别差异表现, 103; of psychological types 心理类型的~, 144

Thailand 泰国, 101

theory(ies), heuristic usefulness of 理论的启发式效用, 153-4

theory(ies) on thinking styles 关于思维风格的理论: evaluation of 对~的评价, 153, 156; history of ~ 的历史, 133-47

thinking, confusing level with style of 把水平与思维风格相混淆, 112

thinking people 思维型的人, 143

thinking styles 思维风格, x, 9-11, 18-24; as abilities ~作为能力, 150-1; abilities confused with ~ 与能力相混淆, 12, 16, 25, 158, 159; abilities distinct from 能力不同于~, 8, 79-80, 134, 136, 142; activity-centered 以活动为中心的~, 145-6; changing valuation of 改变对~的评价, 90-4; cognition-centered 以认知为中心的~, 134-42; correlations between ~之间的相关性, 125; criteria for ~的标准, 156-8; defined 定义~, 134; development of ~ 的发展, 99-112; and environments ~和环境, 11-18; forms of ~ 的形式, 44-59; functions of ~的功能, 27-43; importance of ~的重要性, 147, 158-60; in instruction and assessment 教学和评估中的~, 115-23; interaction with abilities ~ 与能力之间的相互作用, 107-12; interaction with learning experience ~与学习经验之间的相互作用, 25-6; lack of unifying model for 没有统一的~模型, 149-50; leanings of ~的倾向, 71-5; levels of ~的水平, 60-6; are measurable ~是可测量的, 89-90; measurement of ~的测量, 123-7, 154-5; as personality traits ~作为人格特质, 145, 151-2; principles of ~的原则, 79-98; question of fit ~的匹配问题, 97-8, 136; relevance of, in real-world settings ~的现实世界相关性, 152; in schools 在学校的~, 115-32; scope of ~ 的范围, 66-71; socialized ~的社会化, 86-8; summary of ~的总结, 26t; teachability of ~的可传授性, 90; theories of ~的理论, 126-7; theories of, and psychological theory ~理论和心理学理论, 152-3; theory and research on ~ 理论和研究, 133-47; vary across tasks, situations, time of life ~因

任务、情境和人生阶段的不同而异, 30, 35, 46, 50, 53, 57, 62, 63, 67, 69, 70, 73, 74, 84, 88-9; varying valuation by place 不同地方对~的不同评价, 94-6; what they are/ why we need them 什么是/我们为什么需要它们, 3-26; 另见 match; mismatch

Thinking Styles Inventory 思维风格量表, 123-4, 125

Thinking Styles Questionnaire for Teachers 教师思维风格问卷, 124

tolerance for unrealistic experiences 对非现实体验的容忍, 141

Toynbee, A. J. 汤因比, 103

triarchic theory of human intelligence 人类智力三元理论, 107-8, 131

United States 美国, 101

usefulness of styles 风格的有用性, 155-6

Venezuela 委内瑞拉, 101

vocational choices 职业选择, 146; 另见 career(s); occupational choice

wisdom 智慧, 6

Witkin, Herman 赫尔曼·威特金, 135-6

workplace 工作场所: mismatch of styles in ~ 中风格的不匹配, 17, 18; thinking styles vary in 思维风格因~的不同而异, 91-3

Wozniak, Steve 史蒂夫·沃兹尼亚克, 31

# 西方心理学大师经典译丛

| 001 | 自卑与超越 | [奥] 阿尔弗雷德·阿德勒 |
| 002 | 我们时代的神经症人格 | [美] 卡伦·霍妮 |
| 003 | 动机与人格（第三版） | [美] 亚伯拉罕·马斯洛 |
| 004 | 当事人中心治疗：实践、运用和理论 | [美] 卡尔·罗杰斯等 |
| 005 | 人的自我寻求 | [美] 罗洛·梅 |
| 006 | 社会学习理论 | [美] 阿尔伯特·班杜拉 |
| 007 | 精神病学的人际关系理论 | [美] 哈里·沙利文 |
| 008 | 追求意义的意志 | [奥] 维克多·弗兰克尔 |
| 009 | 心理物理学纲要 | [德] 古斯塔夫·费希纳 |
| 010 | 教育心理学简编 | [美] 爱德华·桑代克 |
| 011 | 寻找灵魂的现代人 | [瑞士] 卡尔·荣格 |
| 012 | 理解人性 | [奥] 阿尔弗雷德·阿德勒 |
| 013 | 动力心理学 | [美] 罗伯特·伍德沃斯 |
| 014 | 性学三论与爱情心理学 | [奥] 西格蒙德·弗洛伊德 |
| 015 | 人类的遗产："文明社会"的演化与未来 | [美] 利昂·费斯汀格 |
| 016 | 挫折与攻击 | [美] 约翰·多拉德等 |
| 017 | 实现自我：神经症与人的成长 | [美] 卡伦·霍妮 |
| 018 | 压力：评价与应对 | [美] 理查德·拉扎勒斯等 |
| 019 | 心理学与灵魂 | [奥] 奥托·兰克 |
| 020 | 习得性无助 | [美] 马丁·塞利格曼 |
| **021** | **思维风格** | **[美] 罗伯特·斯滕伯格** |

✦ ✦ ✦ ✦

了解图书详细信息，请登录中国人民大学出版社官方网站：www.crup.com.cn

This is a Simplified Chinese edition of the following title published by Cambridge University Press:

Thinking Styles 9780521657136
© Cambridge University Press 1997

This Simplified Chinese edition for the People's Republic of China (excluding Hong Kong, Macau and Taiwan) is published by arrangement with the Press Syndicate of the University of Cambridge, Cambridge, United Kingdom.

© China Renmin University Press 2020

This Simplified Chinese edition is authorized for sale in the People's Republic of China (excluding Hong Kong, Macau and Taiwan) only. Unauthorised export of this Simplified Chinese edition is a violation of the Copyright Act. No part of this publication may be reproduced or distributed by any means, or stored in a database or retrieval system, without the prior written permission of Cambridge University Press and China Renmin University Press.

Copies of this book sold without a Cambridge University Press sticker on the cover are unauthorized and illegal.

本书封面贴有 Cambridge University Press 防伪标签，无标签者不得销售。

图书在版编目（CIP）数据

思维风格/(美)罗伯特·斯滕伯格（Robert J. Sternberg）著；康洁译. -- 北京：中国人民大学出版社, 2020.8
（西方心理学大师经典译丛）
ISBN 978-7-300-27210-8

Ⅰ.①思… Ⅱ.①罗… ②康… Ⅲ.①思维方法—研究 Ⅳ.①B804

中国版本图书馆CIP数据核字（2020）第131424号

**西方心理学大师经典译丛**
主编　郭本禹

**思维风格**
[美] 罗伯特·斯滕伯格　著
康洁　译
Siwei Fengge

| 出版发行 | 中国人民大学出版社 | | |
|---|---|---|---|
| 社　址 | 北京中关村大街31号 | 邮政编码 | 100080 |
| 电　话 | 010-62511242（总编室） | | 010-62511770（质管部）|
| | 010-82501766（邮购部） | | 010-62514148（门市部）|
| | 010-62515195（发行公司） | | 010-62515275（盗版举报）|
| 网　址 | http://www.crup.com.cn | | |
| 经　销 | 新华书店 | | |
| 印　刷 | 北京东君印刷有限公司 | | |
| 规　格 | 155 mm×230 mm 16开本 | 版　次 | 2020年8月第1版 |
| 印　张 | 14.75 插页3 | 印　次 | 2020年8月第1次印刷 |
| 字　数 | 157 000 | 定　价 | 49.00元 |

版权所有　　侵权必究　　印装差错　　负责调换